高职设施农业技术专业系列教材

国家骨干高职院校建设项目成果

# 节 水 灌 溉

# JIE SHUI GUAN GAI

李强栋 主编

西北工業大學出版社

【内容简介】 本书是设施农业技术专业核心教材，主要采用情景教学式和任务驱动式教学形式，突出职业教育的特点，本着理论联系实际，校农联合，一体三通，多举示例，突出应用等原则，通过完成任务，让读者在情境学习中掌握常见农业节水灌溉工程规划设计、施工安装及运行管理等任务，其内容主要有“地面节水灌溉”“渠道灌溉”“喷灌”“微灌”等四个学习情境，读者通过情境学习能逐渐掌握相关技能知识。

本书既可供设施农业技术专业学生学习使用，同时可作为设施农业生产技术人员、管理人员等的参考书。

图书在版编目(CIP)数据

节水灌溉 / 李强栋主编. —西安：西北工业大学出版社，2015.6
ISBN 978-7-5612-4433-3

Ⅰ. ①节… Ⅱ. ①李… Ⅲ. ①农田灌溉—节约用水—职业教育—教材 Ⅳ. ①S275

中国版本图书馆CIP数据核字(2015)第146253号

出版发行：西北工业大学出版社
通信地址：西安市友谊西路127号 邮编：710072
电 话：(029) 88493844 88491757
网 址：www.nwpup.com
印 刷 者：陕西宝石兰印务有限责任公司
开 本：787 mm×1 092 mm 1/16
印 张：13
字 数：224千字
版 次：2015年10月第1版 2015年10月第1次印刷
定 价：26.00元

# 前　言

本书是武威职业学院国家骨干职业院校建设之设施农业重点专业规划教材。

节水灌溉是水利工程专业、农业水利技术专业和设施农业技术等专业的一门核心课程。我们本着实用性强，基础理论以必须和够用为尺度的理念对本书进行编写。编写中注重理论联系实际，校农联合，一体三通原则，多举示例，突出应用；内容上力求深度、广度适宜，并尽可能反映近年来节水灌溉方面的新技术、新知识、新成果。

全书共编排四个情境，相互之间为平行关系：学习情境一为地面节水灌溉；学习情境二为渠道灌溉；学习情境三为喷灌；学习情境四为微灌，主要通过任务方式学习并实践节水灌溉规划设计的基本理论和基本技能。

全书由李强栋主编，张德罡主审。

在编写本书的过程中，得到江西、山西、河南及甘肃等高职高专院校大力支持，同时编者参考了诸多资料，在此表示感谢！

由于水平有限，书中难免存在错误和不妥之处，恳请批评指正！

编　者

2015 年 3 月

# 目　录

# 绪　论

节水灌溉是根据作物需水规律及当地供水条件，在充分利用降水和土壤水的前提下，为高效利用灌溉水，获取农业生产的最佳经济效益、社会效益及生态效益而采取的多种措施的总称。节水灌溉不仅包括灌溉过程中的节水措施，还包括与灌溉密切相关、提高农业用水效率的其他措施，如雨水蓄积、土壤保墒、井渠结合、灌溉渠系优化配水、农业节水措施和用水管理措施等。

灌溉的目的是为农田补充水分以满足作物需水要求，为作物生长创造良好的水、肥、光、气、热条件，以获取高产。水源中的水要形成作物产量要经过以下4个环节：第一环节，从水源取水，通过渠道或管道等一系列输水、配水工程设施将水输送到所需灌溉的作物地块；第二环节，将引至田间的灌溉水，尽可能均匀地分配到所灌溉的作物根部转化为土壤水；第三环节，通过作物根系吸收和利用土壤水，以维持它的生理活动；第四环节，通过作物一系列的生理过程，在作物水分的参与下形成作物产量。

在以上4个环节中，第一、第二环节使灌溉水转化为土壤水；第三环节使土壤水转化为生物水；第四环节使生物水形成作物经济产量。每个环节都有水量损失，提高水的利用率和利用效率的关键在于探讨各个环节的节水途径、技术措施及其潜力，尽可能地减少每一环节中的水的无效损耗，以求达到全面节水。从水源引水到田间灌水这两个环节与作物的生理过程不直接相关，靠减少输水损失、提高灌水均匀度和减少田间深层渗漏等工程技术措施以及合理用水的节水灌溉制度措施，设法提高土壤储水量与水源取水量的比例和作物耗水量与土壤储水量的比例来提高水的利用率和利用效率。从水源引水到田间，需修建渠道(或管道)和必要的水工建筑物；同时还需要一定的管理组织和管理技术。由于自然的、管理的和工程技术等原因，有一部分水在输配水和灌溉水过程中损失较大，因而这两个环节存在着很大的节水潜力，措施比较明确，是当前节水灌溉发展的主要方面。在第三和第四环节中进行节水，主要是如何高效利用土壤储水的问题，属基础节水范畴，主要靠减少株间蒸发量和减少作物蒸腾量，设法提高蒸腾量与耗水量、生物量与蒸腾量和经济产量与生物量的比例来提高水的利用效率。作物全生育期的株间蒸发量约占作物总需水量的40% ~60%。这部分水量对改善作物的生长环境有一定的作用，不完全属于浪费用水，但减少株间蒸发量并不会影响作物产量。

综上所述，从节水灌溉整个过程看，凡能减少灌溉水损失、提高灌溉水利用效率的措施、技术和方法均属于节水灌溉的范畴，事实上，从水源引水到形成作物产量的各个环节中都存在着节水潜力，一般情况下，节水应是减少灌溉水的无益消耗，不减少作物正常的需水量，不使作物减产；有的情况下，为解决供需水矛盾，也采用低于作物正常需水量进行供水，即采用非充分灌溉，这时不再追求单位面积上产量最高，而是以有限水资源量，使整个面积上获得总产量的经济效益最高为目标。

## 一、节水灌溉技术体系

节水灌溉技术体系是为充分利用灌溉水资源，提高水的利用率和利用效率，达到农作物高产高效而采取的技术措施。

它是由水资源、工程、农业、管理等环节的节水技术措施组成的一个综合技术体系。运用这一技术体系，将提高灌溉水资源的整体利用率，增加单位面积或总面积农作物的产量，促进农业的持续发展。

水资源的合理开发是利用技术对天然状态下的水进行调节控制和有计划的分配，为人类的生产生活提供所需要的水量。农业水资源的合理开发利用技术主要包括坑塘截流调控地下水、深沟河网蓄水、不同水源的联合利用技术，机井测试改造利用技术，灌溉回归水利用技术和劣质水改造利用技术等。渠系输水过程节水主要包括渠道各类防渗技术和各种类型管道输水，其中管道输水包括混凝土管网系统、PVC(PE)管网系统、金属管网系统、田间塑料软管等。田间灌水过程节水包括改进地面灌水技术；激光平整土地；膜上灌或膜下灌；水稻薄、浅、湿、晒节水灌溉技术；推广喷灌、微灌技术等。管理类节水包括实施节水灌溉制度、土壤墒情监测预报技术、灌区配水及量水技术、现代化灌溉管理技术等。政策类节水包括建立节水灌溉技术服务体系(技术支持和技术服务体系)、改进水管理体制、水价与水费计收标准及办法、制定可持续发展节水奖惩政策、制定限制地下水超采制度和防治水污染对策等。

## 二、国内外节水灌溉的发展

### (一)发展渠道衬砌与管道输水技术

自开发灌区以来，世界各地为了减少渠道输水漏失，都在致力于发展渠道衬砌、管道化工程。到目前，渠道衬砌的材料发生了很大的变化，各国用于衬砌的材料大致分为刚性材料、膜料、土料。其中，刚性材料，尤其是混凝土衬砌是当今各国渠道衬砌的主要形式。

### (二)改进地面灌溉技术

目前地面灌溉在大多数国家仍是应用最广泛、最主要的一种灌水方法。但由于这种灌水方法灌水历时长、灌水量大,且田块首尾灌水不均匀而影响作物产量,因此长期以来,许多国家都在积极致力于对传统地面灌溉技术的研究与改进,并创造出许多全新的方法。

### (三)推广喷、微灌技术

由于喷、微灌比传统的沟灌、畦灌等地面灌溉节水 30% ~50%,并可节省劳动力 20% ~90%。全世界喷灌面积由 1937 年的 10 万公顷发展到 1987 年的 2 000 万公顷;微灌面积也由 1981 年的 41.6 万公顷扩大到 1991 年的 176.9 万公顷。近年来,微灌面积年平均增长率高达 63%。目前,瑞典、英国、奥地利、德国、法国、丹麦、匈牙利、罗马尼亚等国家的喷、微灌化程度都达 80% 以上。在这些国家,发展喷、微灌技术不仅节约水量,而且改变了传统的灌溉概念,即仅仅把水灌到田间的概念。以色列对灌溉的新概念是把含有肥料的水一滴滴地输入作物根层的土壤中,使土壤中的水、肥、气、热保持协调关系,达到作物高产的目的。

随着节水工程技术方面的成熟,世界各国更加重视土壤性能对节水利用效率的影响、非充分灌溉对作物产量的影响、耕作制度对土壤水分状况的影响,以及作物合理轮作的节水效益研究。对于地膜覆盖技术,除了继续进行大规模田间试验,研究覆盖的保墒、增产效果及效益外,还对覆盖后农田的水、气、热交换规律及水、盐运行规律开展了更为详细、深入的分析研究,为进一步提高喷、微灌区技术水平,美国采用了一种低能耗精确灌溉法——脉冲式微喷系统。

### (四)加强和改善管理类节水灌溉措施

按照党中央、国务院决策部署,积极推进节水供水重大水利工程建设,大力发展节水灌溉,力争到 2020 年,将全国节水灌溉工程面积占有效灌溉面积的比例提高到 60% 以上,将高效节水灌溉面积占有效灌溉面积的比例提高到 30% 以上,使农田灌溉水有效利用系数达到 0.55 以上。

#### 1. 加大已有灌区的节水改造力度

到 2020 年基本完成全国 434 处大型灌区和 2 157 处重点中型灌区节水改造。在水土资源条件具备的地区,建设一批节水型新灌区。

#### 2. 规模化发展高效节水灌溉

全面实施东北节水增粮、西北节水增效、华北节水压采、南方节水减排等规模化高效节水灌溉。山丘区因地制宜建设"五小水利工程",发展集雨节灌。大力推广水稻节水控制灌溉技术。

#### 3. 建立节水灌溉倒逼机制

落实最严格水资源管理制度,实行灌溉用水总量控制和定额管理,以及与之相适应的农业水价合理形成机制,以此形成有利于节水灌溉发展的绩效考核和经济调节倒逼机制。

4. 建立节水灌溉激励机制

积极探索民办公助、以奖代补、先建后补等实现途径，鼓励和引导农民、农民用水合作组织和新型农业经营者成为节水灌溉工程建设和管理的主体。通过完善价格、税收、金融等优惠政策，吸引社会资本投入节水灌溉。探索建立节水灌溉、节约水量使用权交易和政府回购机制。

5. 建立节水灌溉长效运行机制

积极推进节水灌溉工程产权制度改革，明晰工程所有权和使用权，建立管护运行责任制。加强基层水利服务体系建设，加强灌溉试验和成果应用，科学指导节水灌溉。提高节水灌溉专业化、服务能力和水平社会化，使节水灌溉工程建得成、管得好、长受益。

## 三、发展节水灌溉的意义

我国基本国情是人多地少水缺。特别是具有不可替代性的水资源，人均只有2 100立方米，仅为世界平均水平的28%。随着我国人口不断增加、经济持续快速发展和对生态环境质量要求的逐步提高，水资源不足已越来越成为严重的制约瓶颈。

解决水资源危机的出路，一是开源，二是节流。从我国目前的发展阶段和水平而言，节流为首要途径。农业是第一用水大户，也是节水最具潜力的行业。大力发展节水灌溉，自然就成为我国缓解水资源供需矛盾的必然选择。

因此，中国政府提出“把节水灌溉作为一项革命性措施来抓”。新世纪以来，连续11个中央1号文件和中央水利工作会议，都要求把节水灌溉作为重大战略举措，2012年印发了《国家农业节水纲要(2012—2020年)》，对节水灌溉提出了明确的发展目标和要求。在中央和地方一系列政策措施出台和不断加大投入的情况下，我国节水灌溉发展进入前所未有的快车道。截至2013年底，全国有效灌溉面积达到9.52亿亩①(约6347万公顷)，其中节水灌溉工程面积4.07亿亩(约2 711万公顷)，约占有效灌溉面积的43%。高效节水灌溉面积2.14亿亩(约1 427万公顷)，约占有效灌溉面积的22%，其中低压管道输水1.11亿亩(约740万公顷)、喷灌0.45亿亩(约300万公顷)、微灌0.58亿亩(约387万公顷)。

节水灌溉成效主要体现在以下几个方面：

节约水资源。2000年以来，我国农田亩均灌溉用水量由420立方米下降到361立方米，农田灌溉水有效利用系数由0.43提高到0.52，农田灌溉用水量占全

---

① 1亩=0.0667公顷。

社会用水总量的比例从63%降低到55%,有效灌溉面积由8.25亿亩增加到9.52亿亩。

增加粮食产量。节水灌溉措施亩均增产粮食10%~40%。2000年以来,单方灌溉水粮食产量由1.33 kg增加到1.75 kg。

提高肥料、农药使用效率。高效节水灌溉实现了水肥药一体化,与传统灌溉方式相比,肥料、农药利用率提高了5%~20%。

发挥综合效益,促进了现代农业发展。节水灌溉不仅实现了节能、省地、省时、省工、减排等综合效益,而且提高了技术集成、机械化、专业化生产经营程度,促进了农业规模化、集约化和现代化。

带动节水产业发展。目前,全国生产节水灌溉设备和材料的厂家已有2 000多家,形成了年生产3 000多万亩节水灌溉设备和材料的供应能力。同时节水灌溉的产、学、研水平不断得到提升。

“十二五”以来,国家投入节水灌溉工程的投资每年达到了345亿元,是“十一五”期间国家投资的3.8倍,政府在节水灌溉发展过程中的主导作川越来越强。发展农业节水灌溉既是对灌溉工程的普遍要求,也是缓解我国北方地区水资源短缺的主要对策之一。我国农业灌溉用水量大,灌溉效率低下和用水浪费的问题普遍存在。如何通过各种节水措施,有效地提高灌溉水资源的使用效率是发展农业节水的根本任务。通过采用现代节水灌溉技术改造传统灌溉农业,实现适时适量的“精细灌溉”,具有重要的现实意义和深远的历史意义。

## 四、节水灌溉发展现状

### (一)喷灌技术

自20世纪60年代以来,喷灌技术一直被作为机械化大面积解决灌溉问题的最主要技术,形成了多种类型的喷灌机,随着这些喷灌机在生产中推广,从技术、经济、适应性等多方面考核,世界上趋于将软管卷盘式自动喷灌机、平移式自动喷灌机及人工移动式喷灌机等,作为最受欢迎3大类机型进行大面积的推广。喷灌技术近年来又在喷洒农药、降低能耗、施水方式上有很大的突破,如美国林赛公司在平移式喷灌机上由高空摇臂式喷头喷洒改为下吊低压折射式喷头,工作压力从5~6 kPa降至1~2 kPa;又将喷洒方式改为拖管在地面上灌水入垄,使工作压力降至0.5~1 kPa。蒸发、飘移、被风吹走等水量损失大大减少,水的利用率可提高到0.9以上。我国从20世纪70年代开始发展喷灌技术,“七五”期间,引进了奥地利鲍尔公司的摇臂式喷头、薄壁铝管、薄壁热浸镀锌钢管生产线,并进行了大量的相关研究。技术引进和科技攻关对提高设备质量,促进喷灌发展起到了重要的作用。经过20多年的努力，到90年代全国已形成喷灌面积约80万公顷，取得较为显著的节水、增产效益。喷灌方式多以轻小移动机组为主，约占50%～60%，固定和半固定式分别占10%和20%左右，大型喷灌机控制面积较小，基本为进口机，主要集中在大规模农场和垦区。当前我国喷灌设备生产已具备了一定的规模，但在产品种类、材质、性能、可靠性等方面与发达国家还有相当大的差距。

**(二)微灌技术**

微灌技术是20世纪80年代发展起来的，最具典型的应首推以色列的技术，除大田作物很少应用外，他们几乎将微灌技术应用到有作物的各处，包括园林、阳台、花园，甚至于室内装饰植物。以色列水的利用率已达到90%，水的生产率达到2.72 $kg/m^3$。他们还采用了一些现代化的控制管理手段，真正做到了给植物灌水而不是给土壤灌水。微灌设备近年有很大突破，80年代仅灌水器就有100余种，现逐步淘汰，形式变少，品种系列化。滴灌多采用滴灌带，微喷头多采用旋转与折射机喷头。使出水孔口相对变大不易堵塞；射程相对增加使喷灌强度变小，均匀度提高；水滴直径绝大多数为细小水滴而不是雾状使能耗大大减少。我国从70年代开始发展微灌技术，到目前已经发展面积2.3万公顷，其中滴灌面积约占一半。主要经过了引进、消化和试制3个发展阶段。通过多方努力和攻关，改进和研制出了一批新的微灌设备，如累计量滴灌设备、脉冲滴灌设备、微喷灌设备、孔口滴头、补偿式滴头、折射式和旋转式微喷头、渗水头、调压器和施肥器等。建立了一批微灌技术示范基地，主要应用于果树、瓜果、保护地蔬菜和高价值经济作物上。

我国微灌技术虽有较大的发展，但仍存在一定的问题，而且与发达国家还有很大距离，主要包括以下几点：①微灌设备种类少，性能差，生产工艺水平还比较落后，材质不耐老化；②微灌系统抗防堵塞研究不够深入，过滤设备等水净化装置种类少，造成了微灌系统的报废；③我国目前的微灌主要集中在果菜等经济作物，大田作物微灌技术及其适应设备问题亟待研究解决。

**(三)渠道防渗工程技术**

世界各国如美国、日本、印度、前苏联、巴基斯坦、伊朗、加拿大等，由于渠道蒸发、渗漏损失水量很大，因此均非常重视并积极开展渠道管道化、渠道防渗工程研究和建设工。这些国家渠道防渗工程建设发展快、技术水平高、节水效果显著。如美国把渠道防渗作为水利工程主要措施之一，早在1964年就开始研究，到1990年共建防渗渠道9 656 km。目前他们已逐步形成统一的设计和施工技术标准，施工机械化程度高，工程质量好。

渠道输水是目前我国农田灌溉的主要方式。在渠道防渗材料方面，对提高灰土的早期强度及减少缩裂缝，提高水泥土的抗冻及抗裂性，提高砌石的防渗效果和混凝土材料防渗等方面都进行了比较系统的研究。尤其是80年代以来成功地采用和推广了薄膜、高强无机材料等新型防渗材料和新的复合材料防渗结构形式，取得了明显的经济和社会效益；在防渗渠道断面形式方面，70年代中期，对小型渠道研究并推广了U型断面刚性材料防渗渠道，对大、中型渠道研究提出了弧形坡脚梯断面渠道；在防渗渠道的冻害机理及防冻措施方面，目前对影响冻害的因素，例如土质、水分、气温、渠道走向及断面形状、地下水位等，已研究和掌握了影响冻害的规律，已经从定性的认识发展到定量的研究成果；在施工技术方面，目前已开始改变人工施工的局面，逐渐向半机械化和机械化方向迈进。

### （四）管道输水灌溉技术

管道输水灌溉技术在国外发展较早。美国到1984年管道输水灌溉面积已发展到643.2万公顷，占全美国地面灌溉面积的46.9%。美国的管网系统地下部分采用素混凝土管道，地面部分采用柔性聚乙烯软管或铝管闸管系统，并采用快速接头与固定管道的出水口连接，流动使用。前苏联用地下管道代替明渠的发展速度已超过防渗渠道，到1984年，该国地埋管道系统已占总灌溉渠系统的63%，管道总长218 000 km，地埋管材主要有钢筋混凝土管、石棉水泥、塑料管及涂塑薄壁钢管。以色列有20万公顷灌溉土地，90%以上实现了管道输水。

我国低压管道输水灌溉技术自50年代开始试点应用，但因技术设备不配套，以及当时农村技术经济条件较差而未能大面积推广。进入80年代以来，为了节约用水，这项节水技术引起各级政府部门和群众的高度重视，并迅速在北方平原井灌区发展起来，从系统规划设计、管材管件、配套设备、施工安装、运行管理等主要方面进行了系统研究，取得了一系列成果，此外，还研制出适应我国国情的双壁纹PVC管、薄壁PVC管、水泥沙管、现浇混凝土管等低压管材和配套管件，开发出数十种管道灌溉用出水口的给水栓及安全保护装置，制定了平原区低压管道系统的优化设计理论及管材施工工艺。这些成果的取得大大推动了该项技术在北方井灌区的发展。

### （五）节水的地面灌水技术

地面灌溉是我国灌溉的主体，98%的灌溉面积采用地面灌水。我国从70年代开始进行节水的地面灌溉技术研究和应用工作，近40年来取得了显著的成绩，平整土地，推广小畦灌溉或沟灌是最早采用的改进技术，具有一定的节水效果，已普遍为农民所接受。我国科技工作者也对膜上灌和涌流灌的节水机理进行了一定的探索，同时地面灌溉理论研究也取得了一定进展，尤其是在通过畦田规格、单宽流量灌溉定额等节水因素优化，制定灌溉技术方案从而节约水量等方面。由于改进的地面灌溉技术简便实用、易于推广，对节水和缓解水资源紧缺状况起了很大作用。虽然我国在地面节水灌溉方面取得了一定成就,但仍存在一些问题和需要深化研究的方面,包括地面灌水技术的节水机理、各种节水地面灌溉技术的适应条件、灌溉均匀度对作物的影响以及各种改进地面灌溉技术的优化组合方式。另外,波涌灌溉和激光平地水平畦灌等先进技术应用在我国尚属空白,需要研究解决和推广。

## 五、节水灌溉发展中存在的问题

### (一)田间节水工程投入严重不足

中央财政投入和地方财政配套侧重于大型与重点中型灌区骨干工程的续建配套和更新改造,斗渠以下的田间渠系及配套设施(简称"田间工程")被认为是农民自己的事情,因而国家投入不足。现阶段我国的农村中,绝大多数农民只是基本解决了温饱问题,一家一户的土地承包制、大量的青壮年涌进城市务工,导致留在农村的农民基本无力投资投劳田间工程建设,致使很多田间工程老化失修,先进的节水灌溉技术和设备得不到推广应用,严重制约了节水灌溉的发展。

### (二)政府层面对节水灌溉公益性地位的认识不到位

在水资源短缺日趋严重的形势下,国家发展节水灌溉的目的,一方面是要科学合理地配置水资源,压缩灌溉用水量,将节约出来的灌溉水转移为生活、工业和生态用水,以实现水资源的可持续利用,促进经济社会的可持续发展;另一方面还必须做到提高粮食综合生产能力,保障国家粮食安全。国家希望农民积极采用先进的节水技术实施灌溉,既多产粮,产好粮,又少用水。而对于比较穷、比较苦的农民来说,他们重视的是自己的直接经济效益,即土地的产出怎么既能满足他们的口粮,又能多得点现金收入,节水不节水与他们的直接关系不大。发展节水灌溉是国家利益所致,这一点不言而喻,农民是在为国家节水,节水灌溉的公益性显而易见。但是国家对农民采用节水灌溉的补助政策缺失,严重影响了农民参与节水灌溉的积极性。

### (三)先进适用的节水灌溉技术推广应用面积不大

先进适用的节水灌溉技术如渠道防渗选择好的断面形式、喷灌技术在大田作物及山丘区经济作物中的应用、微灌技术在果树灌溉中的应用等,至今推广应用的面积不大。很多情况下是当年新建一批工程,但同时要报废一批已建工程。究其原因,一是农民接受新技术的能力较低;二是工程设计人员未能真正掌握先进节水技术的内涵,设计成果本身不合理;三是有些节水设备产品质量不合格,未能达到性能要求;四是运行管理不能照章执行;五是技术服务体系不健全。结果是不仅先进的节水灌溉技术的优点实现不了,而且相对传统的灌水方式又增大了投入,造成了对新工程没有积极性，对已建工程提早报废，事倍功半，农民不欢迎。

### （四）技术规范及规程不能发挥其应有的作用

技术规范及规程，从某种意义上说，即是技术立法，国家及行业先后出台了一系列与节水灌溉相关的技术规范及规程，但是在实际工程设计、施工和管理运行中不按照规范、规程规定的要求实施的情况比比皆是，致使很多技术规范及规程成了"纸上谈兵"的摆设，并不能真正发挥其应有的技术约束力作用。

综上所述，我国实施农业节水灌溉是必要的，在节水灌溉工程推进发展中还存在很多的问题，需要我们积极努力地克服。在应用上述节水农业技术措施时，应因地制宜选用，继续完善农业田间工程配套技术建设，在农业管理中采用信息化管理，并将农业节水与工程节水技术相结合，通过先进的灌溉管理体制来实现管理节水，推动农业节水技术高效快速的发展。

# 学习情境一

# 地面节水灌溉

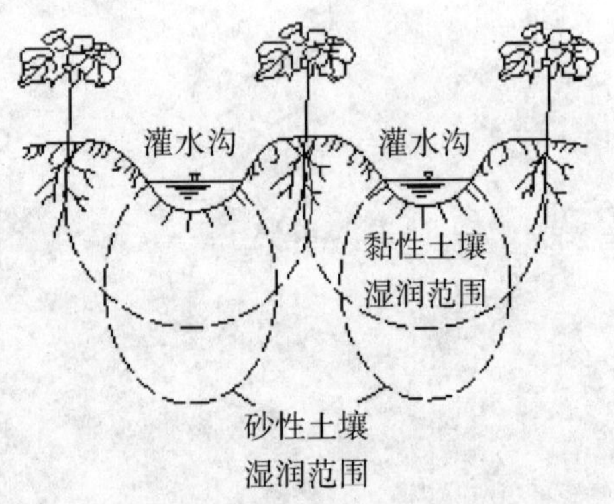


不同土质灌水沟浸润土壤状况

## 学习情境

地面灌溉是指利用沟、畦等地面设施对作物进行灌水,水流沿地面流动,边流动边入渗的灌溉方法。在地面灌溉过程中,灌溉水向土壤中的入渗主要借助于重力作用,兼有毛细管作用,因此地面灌溉也称重力灌水方法。

随着土地集约化规模经营发展,大型农业机具的使用以及激光平地技术的应用,使得地面灌溉的均匀性和有效性有了很大提高。计算机技术在地面灌溉设计和管理中的应用,为改进地面灌溉提供了更为有力的工具。

本情境通过对地面灌水技术,如波涌灌溉技术、水平畦田灌溉技术和田间闸管系统等的认知与实践,使学生具备分析任务、完成任务的能力,具备较强社会人际交往与团队协作能力,并掌握大纲要求的知识目标与能力目标。

## 知识目标

1. 能阐述地面灌溉的概念和分类;
2. 掌握入渗的概念和累计入渗过程的描述;
3. 阐述沟畦灌的灌水方法要素;
4. 掌握灌水质量评价指标;
5. 能对沟灌系统与畦灌系统进行设计;
6. 阐述节水型畦灌、节水型沟灌、覆膜灌溉及波涌灌溉等地面节水灌溉工程。

## 能力目标

1. 能够根据任务描述,依据资讯、计划、决策、实施、检查及评价等环节要求完成地面节水灌溉情境学习;
2. 通过市场岗位调研、生产实践经验及社会经营需求等方面,能够对新型地面节水灌溉工程系统进行设计和实践;
3. 能够利用信息检索解决学习过程中遇到的问题,具备分析、完成任务的能力;
4. 能够利用丰富多彩的形式开展任务,建立较强的社会人际交往能力、有效沟通能力及团队协作能力;
5. 通过地面节水灌溉工程系统设计,科学发展缜密思维,以及严谨勤奋、实事求是的思想行动。

# 任务一　地面节水灌溉认知

## ☆任务描述☆

根据常见地面灌水技术的适用性不同，能够识别各种常见地面灌溉类型，并针对某种作物选用沟灌、畦灌及淹灌等地面灌溉方式。

**【资讯】**教师以市场岗位调研、生产实践经验、经济社会需求等方面引入教学任务内容，进行知识点讲解与技能训练分解，并下达工作任务。

**【计划与决策】**学生在熟悉地面节水灌溉相关知识点的基础上，查阅资料收集信息，进行工作任务构思，师生针对工作任务的有关问题及解决方法进行答疑、交流，明确思路。

**【实施】**学生在教师辅导下，按照计划分布实施，进行知识点理解和技能训练。

**【检查与评价】**为确保工作任务保质保量完成，在任务的实施过程中进行学生自查、学生互查、教师检查。

## ☆资料☆

### 一、地面灌水技术的认识

#### （一）地面灌水技术分类、优缺点及适用条件

根据灌溉时湿润整个农田根系活动层内的土壤，将地面灌溉通常分为全面灌溉、局部灌溉及喷灌两大类。

地面灌溉是指灌溉水在田间流动的过程中，受重力作用和毛细管作用湿润土壤，或在田面建立一定深度的水层，受重力作用逐渐渗入土壤的一种灌水方法。

地面灌溉节水技术是在传统的地面灌溉方法的基础上，经过改进而形成的比较先进的灌水技术，与传统的地面灌溉相比较，具有以下优点：

①节水。地面灌溉节水技术，通过改善灌水要素，田间灌溉用水量大大降低。以畦灌为例，大量试验资料表明，畦长越长，畦田水流的入渗时间越长，深层渗漏损失越大，因而灌水量也越大。所以，通过缩短畦长，就可以达到减少灌水量的目的。

②灌水质量高。据测试，畦灌的畦长在 30 ~ 50 m 时，灌水均匀度可达 80% 以上；畦长大于 100 m 时，灌水均匀度则低于 80%。

③增产。由于地面灌溉节水技术比传统的地面灌溉灌水质量高，为作物生长

创造了良好的条件，因此有利于作物生长，促进作物增产。据新疆有关单位试验，在同样条件下，棉花采用膜上灌技术比常规沟灌单产皮棉增产5.12%。

④改善作物生态环境。地面灌溉节水技术，改变了传统的耕作方式，改善了田间土壤水、肥、气、热等土壤肥力状况，可为作物生长创造良好的生态环境。

但是，地面灌溉节水技术与传统地面灌溉相比较，存在投资相对较高、技术较复杂等不足因素；与喷灌、滴灌等灌水方法相比较，虽然投资少、节约能源、管理运行费用低、操作简便，但是节水、增产、灌水质量等方面明显不如喷灌、滴灌等。

据统计，全世界地面灌溉面积占总灌溉面积的90%左右，我国现有灌溉面积的97%采用地面灌溉，美国地面灌溉面积也高达73%左右。

地面灌水方法按其湿润土壤的方式不同，又可分为畦灌、沟灌、淹灌、波涌灌、长畦（沟）分段灌、水平畦灌等。

**1. 畦灌**

用土埂将耕地分隔成长条形的畦田，水流在畦田上形成薄水层，借重力作用沿畦长方向流动并浸润土壤的灌溉方法。（见图1－1，图1－2，图1－3）适用于小麦、谷子等窄行密播作物以及牧草等的灌溉。

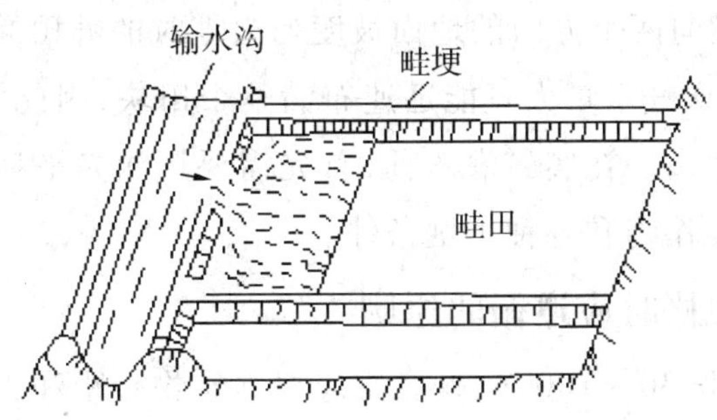


图1－1　畦田灌溉

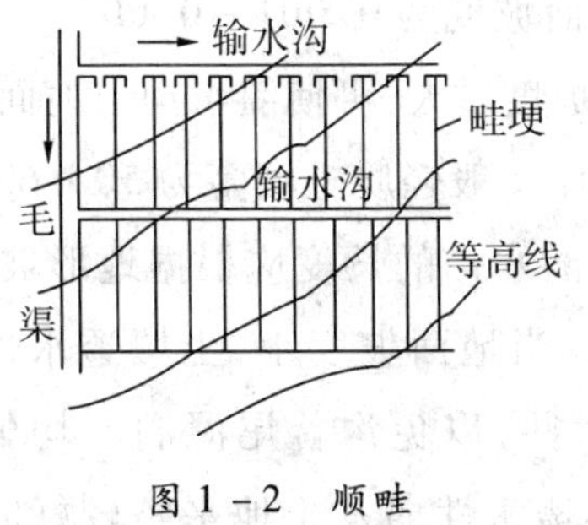


图1－2　顺畦

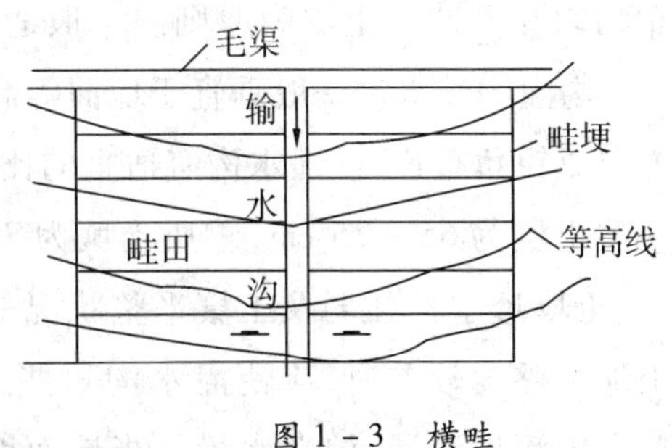


图1－3　横畦

**2. 沟灌**

在作物行间开挖灌水沟，水在沟中流动，借毛细管作用浸润沟两侧土壤的灌溉方法。优点是适用于宽行距的中耕作物。

3. 淹灌

在格田内保持一定水层进行灌溉的方法，一般用于稻田灌溉或洗盐灌水。适用于水稻。

4. 波涌灌

又可译为涌流灌或间歇灌，是利用间歇阀向沟(畦)间歇地供水，在沟(畦)中产生波涌，加快水流的推进速度，缩短沟(畦)首尾受水时间差，使土壤得到均匀湿润。优点是适用于沟(畦)长度大、地面坡度平坦、透水性较好且含有一定黏粒的土质的灌溉。

5. 长畦(沟)分段

灌水时将一条长畦分为若干个横向畦埂的短畦，采用低压塑料薄壁软管或地面纵向输水沟，将灌溉水输送入畦田，然后自下而上或自上而下逐段向短畦内灌水，直至全部短畦灌完为止，优点是适用于沟(畦)长度大、地面坡度平坦的灌溉。

6. 水平畦灌

是田块纵向和横向两个方向的地面坡度均为零时的畦田灌水技术。其主要特点是田面非常平整，入畦水量大且能迅速布满整个田块，因此深层渗漏水量少，灌水均匀及水的利用率高。在实施灌水前，首先需要用激光平地设备对土地进行平整。适用于所有种类作物和各种土壤条件。

## 二、布置沟畦规格时应遵循的原则

在自流灌区，畦长 30 ~ 100 m，畦宽则应根据作物行距和当地耕作机具宽度的整倍数来确定，一般为 2 ~ 4 m。入畦单宽流量一般控制在 3 ~ 6 L/s，以使水量分布均匀和不冲刷土壤为原则。一般适宜的畦田田面坡度为 0.001 ~ 0.003。

沟灌的灌水沟一般垂直于地面等高线，若地面坡度过大，可使灌水沟与地面坡度方向成锐角布置，使灌水沟有适宜的比降。沟的间距一般轻质土壤多为 50 ~ 60 cm，中质土壤为 65 ~ 75 cm，重质土壤为 75 ~ 80 cm。灌水沟的长度应根据地形坡度大小、土壤透水性强弱及土壤平整状况等条件决定。当地面坡度小，土壤透水性强，土地平整度较差时，应使灌水沟短些，入沟流量大些，以免沟首尾湿润不均匀，沟首产生深层渗漏，浪费水量。当地面坡度大、土壤透水性弱及土地平整较好时，则应使灌水沟长一些，入沟流量小一些，以保证有足够的湿润时间。目前我国灌水沟长度一般为 30 ~ 50 m，有的地区达 100 m。灌水沟的断面一般沟深为 15 ~ 20 cm，沟宽为 40 ~ 50 cm。如图 1 - 4、图 1 - 5 所示。

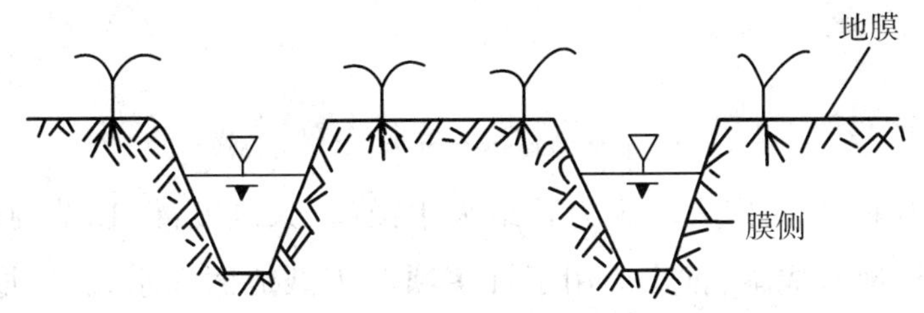


图 1－4　膜侧沟灌法示意图

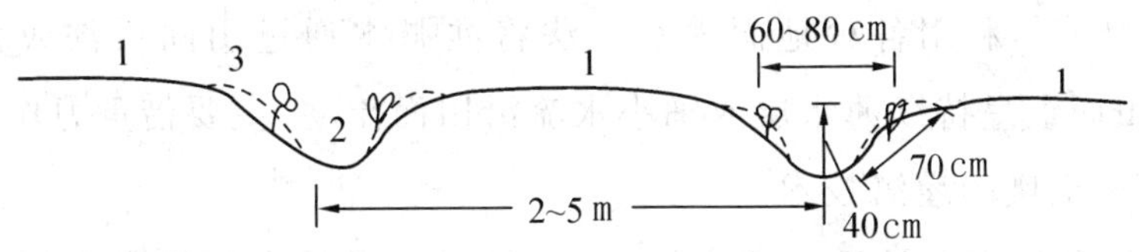


图 1－5　西瓜、甜瓜沟畦覆盖示意图

## ☆思考题☆

1. 什么是地面灌溉？
2. 常见地面灌水方法有哪些？
3. 不同地面灌水方法适宜的作物有哪些？
4. 地面灌水方法的优缺点是什么？
5. 试分析灌水沟的布置与土壤的浸润范围之间存在的关系。

# 任务二　节水型畦灌

## ☆任务描述☆

根据常见节水型畦灌“三改”技术适用性不同，能够识别各种常见节水型畦灌类型，并针对某种作物选用节水型畦灌。

**【资讯】**教师以市场岗位调研、生产实践经验、经济社会需求等方面引入教学任务内容，进行知识点讲解与技能训练分解，并下达工作任务。

**【计划与决策】**学生在熟悉节水型畦灌相关知识点的基础上，查阅资料收集信息，进行工作任务构思，师生针对工作任务的有关问题及解决方法进行答疑、交流，明确思路。

**【实施】**学生在教师辅导下，按照计划分布实施，进行知识点理解和技能训练。

**【检查与评价】**为确保工作任务保质保量完成，在任务的实施过程中进行学生自查、学生互查、教师检查。

☆资料☆

近10多年来，我国广大灌区为杜绝大水漫灌、大畦漫灌，以节约灌溉水、提高灌水质量、降低灌水成本，推广应用了许多项改进型地面灌水技术，取得了明显的节水和增产效果。

地面灌溉就是利用各种地面灌水方法将灌溉水通过田间渠沟或管道输入田间，水流在田面上呈持续薄水层或细小水流沿田面流动，主要借重力作用兼毛细管作用下渗湿润土壤的灌溉技术。

地面灌溉是最古老的田间灌水技术，也是目前世界上特别是发展中国家广泛采用的一种灌水方法。目前，全世界用地面灌水方法灌溉的面积占总灌溉面积的90%以上。由于我国水资源与能源短缺，广大农村地区经济实力不足，技术管理水平较低，大面积推广喷、微灌等先进灌水技术还受到很大的限制，因此在相当长的一段时间内，我国还仍须加大田间工程的建设力度，大力研究和推广节水型地面灌溉技术。我国现有98%以上的灌溉面积依然采用这类方法。

传统地面灌水方法能充分满足作物的需水要求；技术要求不高，容易掌握运用且管理简便；设备投资省，运行费用低；适用于质地较密实的土壤，在砂性土壤上会产生大量深层渗漏损失；容易发生超量灌溉，导致地下水位上升、土壤渍害和盐碱化，或沿田面发生跑水现象，造成水资源的浪费；对土地平整要求较高，地形复杂的地区平整土地的投资相对较大。因此，地面灌水方法比喷灌和滴灌更要注意改善和提高其灌水技术，以达到节水、省工、稳产、高产和低成本的目的。

目前，地面灌溉在灌水技术方面存在的主要问题是管理粗放，沟、畦规格不合理，田间水的浪费十分严重。据河南省调查，豫东平原井灌区的畦田，平均田间水利用率只有0.7左右，畦长小于50 m的只占9.1%，畦长超过100 m的占45%，平均为100 m，畦宽小于4 m的只占14%，畦宽大于6 m的占34%。西北不少地区则仍沿用大畦大水漫灌的旧习，水的浪费更为严重。

改进传统的沟、畦灌水技术，提高田间水利用率和灌水均匀度，减小灌水定额是一项投资小、操作简便、效果显著的农业节水增产措施。多年来这方面的工作主要是探求沟、畦灌水技术要素在不同土质、不同田面坡度条件下的合理组合，并在试验研究和生产性试验的基础上，提出了用于指导生产的灌水技术要素，推广了小畦灌溉、长畦分段灌、宽浅式畦沟结合灌溉等田间节水型畦灌技术，取得了显著的节水增产效果。

## 一、小畦灌水技术

小畦灌水技术主要是指畦田“三改”灌水技术，也就是“长畦改短畦，宽畦改窄畦，大畦改小畦”，是我国北方井灌区行之有效的一种地面灌溉节水技术，河北、山东、河南等省的一些园田化标准较高的地方，正在逐步推广应用。其优点是灌水流程短，减少了沿畦长产生的深层渗漏，因此能节约灌水量，提高灌水均匀度和灌水效率。缺点是灌水单元缩小，整畦时费工。

小畦灌溉技术的关键指标是灌水定额、单宽流量、畦田地面坡度和畦长。地面坡度为1/400～1/1 000时，单宽流量为2.0～4.5 L/(s·m)，灌水定额为300～675 $m^3/hm^2$；畦田宽度自流灌区一般为2～3 m，机井提水灌区以1～2 m为宜。畦田长度自流灌区以30～50 m为宜，最长不超过70 m，机井和高扬程提水灌区以30 m左右为宜。

## 二、长畦分段灌技术

长畦分段灌技术是将一条长畦分成若干个没有横向畦埂的短畦，采用毛渠或塑料软管，将灌溉水输送入畦田，然后自下而上或自上而下依次逐段向短畦内灌水，直至全部短畦灌完为止的灌水技术。

长畦分段灌，若用毛渠输水、灌水，第一次灌水时，应由长畦尾端自下而上分段向各个短畦内灌水，第二次灌水时，应由长畦首端开始自上而下向各分段短畦内灌水；若用塑料软管输水、灌水，每次灌水时均可将软管直接铺设在长畦田面上，软管尾端出口放置在长畦的最末一个短畦的上端放水口处开始灌水，该短畦灌水结束后脱掉一节软管，自下而上逐段向短畦内灌水，直至全部短畦灌水结束为止。

应用长畦分段灌法，畦田宽度可达5～10 m，畦田长度可达200 m以上，一般在100～400 m，但其单宽流量并不增大。实践证明，长畦分段短灌技术是一种良好的节水型灌水方法，它具有以下优点：①节水。长畦分段灌溉技术，可以实现灌水定额在450 $m^3/hm^2$ 左右的低定额灌水，灌水均匀度大于80%～85%，与畦田长度相同的常规畦灌法相比较，可省水40%～60%，田间灌水有效利用率可提高1倍左右或更多。②省工。灌溉设施占地少，可以省去一至二级田间毛渠。③适应性强。与常规畦灌法相比，可以灵活适应地面坡度、糙率和种植作物的变化，可以采用较小的单宽流量，减少土壤冲刷。④投资少，节约能源，管理费用低，技术操作简单，易于推广。⑤田间无横向畦埂或渠沟，方便机耕和采用其他先进的耕作方法，更有利于作物增产。

## 三、宽浅式畦沟结合灌水技术

宽浅式畦沟结合灌水技术是群众创造的一种适应间作套种或立体栽培作物即

“二密一稀”种植,灌水畦与灌水沟相结合的低成本地面灌溉节水技术。这种灌水方法的技术特点是,畦田和灌水沟相间交替更换。它的畦田宽度为40 cm,可以种植两行小麦,就是“二密”,行距10～20 cm。见图1－6(a)。

小麦播种于畦田后,可以采用常规畦灌法或长畦分段灌水法灌溉。到小麦乳熟期,在每隔两行小麦之间挖掘浅沟,套种一行玉米,就是“一稀”,行距90 cm。见图1－6(b)。

在此期间,如遇干旱,土壤水分不足,或遇有干热风时,可利用浅沟灌水,灌水后借浅沟湿润土壤,为玉米播种和发芽出苗提供良好的土壤水分条件。小麦收获后,玉米已近拔节期,可在小麦收割后的空白畦田处开挖灌水沟,并结合玉米中耕培土,把从畦田田面上挖出的土壤覆在玉米根部,就形成了灌水沟沟埂,而原来的畦田田面则成为灌水沟沟底,其灌水沟的间距正好是玉米的行距,灌水沟的上口宽则为50 cm。见图1－6(c)。

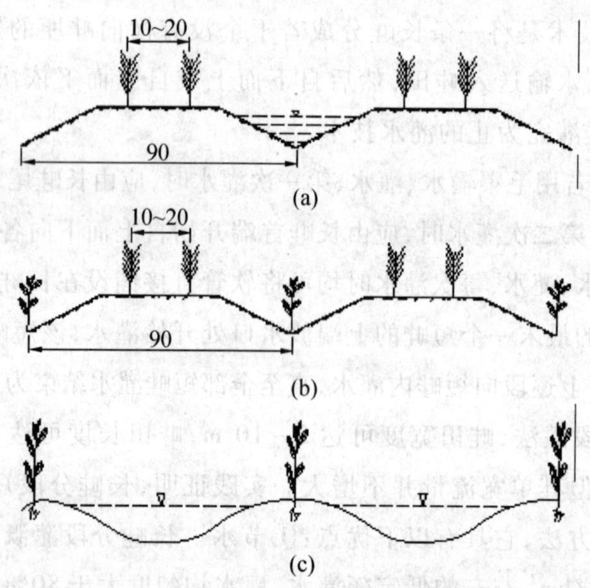


图1－6　宽浅式畦沟灌结合灌溉示意图

这种做法既可使玉米根部牢固,防止倒伏,又能多蓄水分,增强耐旱能力。宽浅式畦沟结合灌水方法,最适宜于在遭遇干旱天气时,采用“未割先浇技术”,以一水促两种作物。就是在小麦即将收割之前,先在小麦行间浅沟内,玉米播种前进行一次小定额灌水,这次灌水不仅对小麦籽粒饱满和提早成熟有促进作用,而且也能提高玉米播种出苗、幼苗期的土壤含水量,对玉米出苗、壮苗都有促进作用。

宽浅式畦沟结合灌水技术的主要优点有①节水。灌水量小,一般灌水定额525 $m^3/hm^2$左右,而且玉米全生育期灌水次数比传统地面灌溉可以减少1～2次,耐旱时间较长。②有利于保持土壤结构。灌溉水流入浅沟后,由浅沟沟壁向畦田

土壤侧渗湿润土壤，因此对土壤结构破坏小。③增产。该项灌水方法可以促使玉米适当早播，解决小麦、玉米两料作物“争水、争时、争劳”的尖锐矛盾和随后的夏秋两料作物“迟种迟收”的恶性循环问题，并使施肥集中，养分利用充分，有利于两料作物获得稳产、高产。

宽浅式畦沟结合灌水技术是我国北方广大旱作物灌区值得推广的节水灌溉新技术。但是，它也存在田间沟多畦多、沟畦轮番交替、劳动强度较大、费工较多等缺点。

## ☆思考题☆

1. 节水型畦灌技术主要有几种？
2. 小畦灌水技术的优点有哪些？
3. 宽浅式畦沟结合灌水技术的优点有哪些？
4. 什么是畦田“三改”灌水技术，其适宜的技术要素是什么？
5. 以常见的小麦和夏播玉米为例说明宽浅式畦沟结合灌水技术的应用。
6. 请画出长畦分段灌布置示意图、宽浅式畦沟结合灌水示意图。
7. 请设计667平方米长畦分段灌、宽浅式畦沟结合灌水方案。

# 任务三　节水型沟灌

## ☆任务描述☆

根据常见节水型沟灌“三改”技术适用性不同，能够识别各种常见节水型沟灌类型，并针对某种作物实施节水型沟灌。

**【资讯】**教师以市场岗位调研、生产实践经验、经济社会需求等方面引入教学任务内容，进行知识点讲解与技能训练分解，并下达工作任务。

**【计划与决策】**学生在熟悉节水型沟灌相关知识点的基础上，查阅资料收集信息，进行工作任务构思，师生针对工作任务的有关问题及解决方法进行答疑、交流，明确思路。

**【实施】**学生在教师辅导下，按照计划分布实施，进行知识点理解和技能训练。

**【检查与评价】**为确保任务高质量完成，在任务的实施过程中进行学生自查、学生互查、教师检查。

☆资料☆

目前，节水型沟灌技术主要有以下几种。

## 一、加长垄沟灌水方法

由于沟灌主要是借毛细管力湿润土壤，土壤入渗时间较长。故对于地面坡度较大或透水性较弱的地块，为了增加土壤入渗时间，常有意增加灌水垄沟长度，使垄沟内水流延长，形成多种多样的灌溉垄沟形式，如直形沟、方形沟、锁链沟、八字沟等。各种加长垄沟形式见图 1－7。

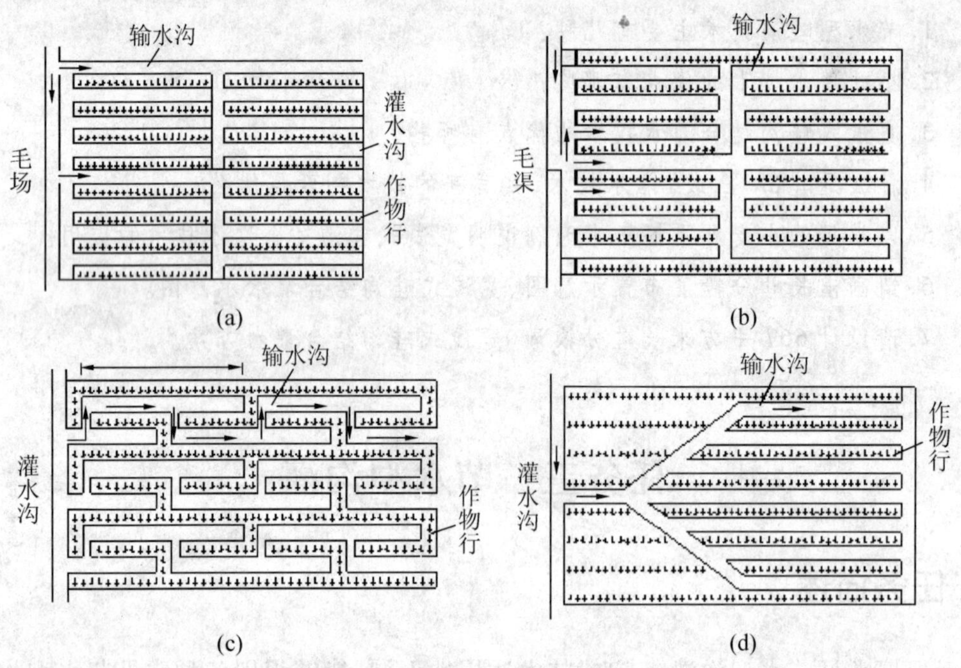


图 1－7　各种加长垄沟灌溉示意图

(a)直形沟；(b)方形沟；(c)锁链沟；(d)八字沟

## 二、细流沟灌技术

细流沟灌是用软管或从输水沟上开一个小口，在灌水沟内用细小流量通过毛细管作用浸润土壤的灌水方法。灌水过程中，水深为沟深的 1/5～2/5，水边流边下渗，直到全部灌溉水量均渗入土壤计划湿润层内为止，一般放水停止后在沟内不会形成积水，对于透水性差的土壤，可以允许在沟尾稍有蓄水。

细流沟灌入沟流量控制在 0.2～0.4 L/s 为宜，大于 0.5 L/s 时沟内将产生冲刷，湿润均匀度差。中、轻壤土，地面坡度在 1/100～2/100 时，沟长一般控制在 60～120 m。灌水沟在灌水前开挖，以免损伤禾苗，沟断面宜小，一般沟底宽为

12～13 cm，深度在 8～10 cm，间距 60 cm。

细流沟灌的优点：①由于沟内水浅，流动缓慢，主要借毛细管作用浸润土壤，水流受重力作用湿润土壤的范围小，所以对保持土壤结构有利。②减少地面蒸发量，比灌水沟内存蓄水的封闭沟蒸发损失量减少 2/3～3/4。③湿润土壤均匀，而且深度大，保墒时间长。

## 三、沟垄灌灌水技术

沟垄灌灌水技术是在播种前根据作物行距，先在田块上按两行作物形成一个沟垄，在垄上种植两行作物，则垄间就形成灌水沟，留作灌水使用。灌溉水湿润作物根系区土壤的方式主要是靠灌水沟内的旁侧土壤毛细管作用渗透湿润。

沟垄灌灌水一般多适用于棉花、马铃薯等作物或宽窄行距相间种植的作物。灌水沟垄部位的土壤疏松，土壤通气状况好，土壤保持水分的时间久，有利于抗御干旱；当灌水沟垄部位土壤水分过多时，还可以通过沟侧土壤向外排水，从而不致使土壤和作物发生渍涝危害。因此是一种既可以抗旱又能防渍涝的节水沟灌方法，见图 1－8，但修筑沟垄比较费工，沟垄部位蒸发面大，容易跑墒。

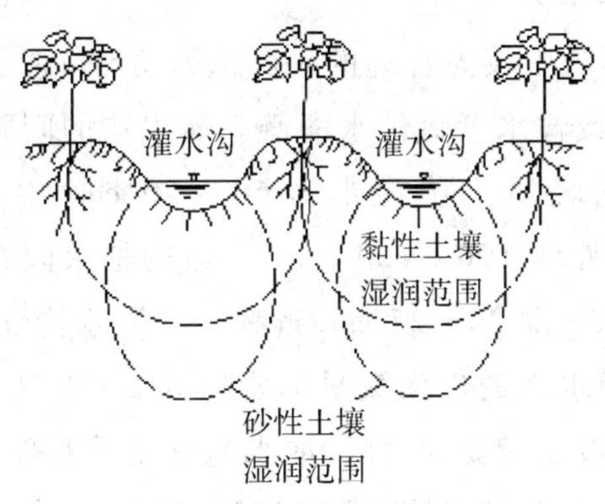


图 1－8　不同土质灌水沟浸润土壤状况

## 四、沟畦灌灌水技术

沟畦灌灌水技术是类似于畦灌中宽浅式畦沟结合的灌水方法，大多用于灌溉玉米等作物。它是以三行作物作为一个单元，把每三行作物中的中行作物行间部位的土壤向两侧的作物根部培土以形成土垄，而中行作物只对单株作物根部周围培土，行间就形成浅沟，留作灌水时使用。

## 五、播种沟灌水技术

播种沟沟灌主要适用于沟播作物播种缺墒时灌水。当在作物播种期遭遇干旱时，为了促使种子发芽，保证苗齐、苗壮，可采用播种沟沟灌。它是依据作物计划的行距要求，犁第一犁沟时随即播种下籽，犁第二沟犁时作为灌水沟，并将第二犁翻起来的土覆盖住第一犁沟内播种下的种子，同时立即向该沟内灌水，种子所需要的水分靠灌水沟内的水通过旁侧渗透浸润土壤；依次类推，直至全部地块播种结束为止。

## 六、沟浸灌田字形沟灌水技术

沟浸灌田字形沟灌水技术是水稻田在水稻收割后种植旱作物的一种灌水方法。由于采用有水层长期淹灌的稻田，其耕作层下通常都形成有透水性较弱的密实土壤层（犁底层），这对旱作物生长期间的排水是很不利的。据经验和试验资料，采用沟浸灌田字形沟灌水技术可以同时起到旱灌、涝排的双重作用，小麦沟浸灌比格田淹灌可以节水31.2%，增产5.0%左右。

## 七、隔沟灌技术

采用隔沟灌灌水，不是向所有灌水沟都灌水，而是每隔一条灌水沟灌水或是在作物某个时期只对某些灌水沟实施灌水，而在另一个时期则对其相邻的灌水沟灌水。这种方法主要适用于作物需水少的生长阶段，或地下水位较高的地区以及宽窄行作物，通常宽行间的灌水沟实施灌水，而窄行间的沟则不进行灌水。

## 八、果园节水型沟灌技术

沟灌是果园地面灌溉中较为合理的一种灌水方法，它是在整个果园的果树行间开灌水沟，由输水沟或输水管道供水灌溉。灌水沟的间距视土壤类型及其透水性而定，一般易透水的轻质土壤沟距为60～70 cm，中壤土和轻壤土沟距为80～90 cm，黏重土壤沟距为100～120 cm。一般密植果园在每一果树行间开一条灌水沟即可。一般灌水沟深20～25 cm，近树干的灌水沟深12～15 cm，灌溉结束后可将灌水沟填平。灌水沟的单沟流量通常为0.5～1.0 L/s。沟的比降应不致使灌水沟遭受冲刷，在坡度较陡的地区，灌水沟可接近平行于等高线布置。灌水沟的长度，在土层厚、土质均匀的果园，可达130～150 m；若土层浅，土质不均匀，沟长不宜大于90 m。

灌水沟除在果树行间开挖封闭式纵向深沟外，也可由纵沟分出许多封闭式的横向短沟，以布满树根所分布的面积上。

沟灌的主要优点是湿润土壤均匀，灌溉水量损失小，可以减少土壤板结和对土壤结构的破坏，土壤通气良好，并方便机械化耕作。

## ☆思考题☆

1. 节水型沟灌技术主要有哪几种？
2. 细流沟灌的形式及其技术要素各有哪些？
3. 细流沟灌的优点和沟垄灌灌水优点各有哪些？

4. 请阐述果树的灌水时期。

5. 请阐述果园节水沟灌技术要素。

6. 请设计细流沟灌形式、沟垄灌示意图、沟畦灌及果园节水沟灌示意图。

# 任务四 覆膜灌溉

## ☆任务描述☆

根据常见覆膜灌溉类型的技术适用性不同，能够识别各种常见膜孔灌、膜缝灌及膜缝膜孔灌系统布置形式，并针对某种作物选用覆膜灌溉。

**【资讯】**教师以市场岗位调研、生产实践经验、经济社会需求等方面引入教学任务内容，进行知识点讲解与技能训练分解，并下达工作任务。

**【计划与决策】**学生在熟悉覆膜灌溉相关知识点的基础上，查阅资料收集信息，进行工作任务构思，师生针对工作任务的有关问题及解决方法进行答疑、交流，明确思路。

**【实施】**学生在教师辅导下，按照计划分布实施，进行知识点理解和技能训练。

**【检查与评价】**为确保工作任务保质保量完成，在任务的实施过程中进行学生自查、学生互查、教师检查。

## ☆资料☆

膜上灌也称膜孔灌溉，是在畦（沟）中铺膜，使灌溉水在膜上流动，通过作物放苗孔或专用灌水孔渗入到作物根部的土壤中。它是畦灌、沟灌和局部灌水方法的综合。

### 一、开沟扶埂膜上灌

开沟扶埂膜上灌是膜上灌最早的应用形式之一，如图 1－9。它是在铺好地膜的农田上，在膜床两侧用开沟器开沟，并在膜侧推出小土埂，以避免水流流到地膜以外。一般畦长 80～120 m，入膜流量 0.6～1.0 L/s，埂高 10～15 cm，沟深 35～45 cm。这种方法因膜床土埂低矮，膜床上的水流容易穿透土埂或漫过土埂进入灌水沟内，既浪费灌溉水量又影响农机作业。

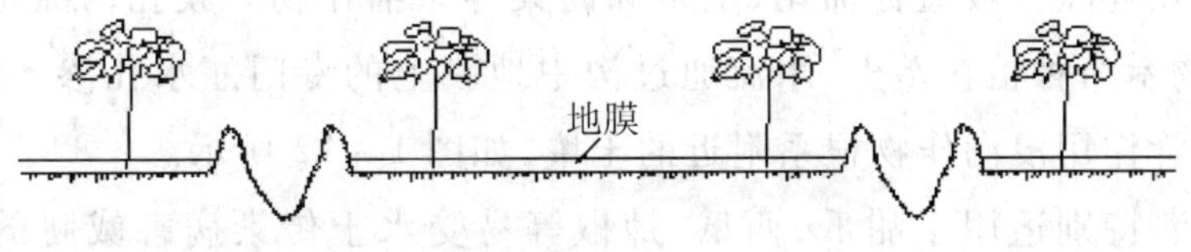


图 1－9 开沟扶埂膜上灌

## 二、打埂膜上灌

打埂膜上灌应用较多，主要用于棉花和小麦。它是将原来使用的铺膜机前的平土板改装成打埂器，刮出地表 5 ~ 8 cm 厚的土层，在畦田侧向构筑成高 20 ~ 30 cm的畦埂，如图 1 - 10 所示。

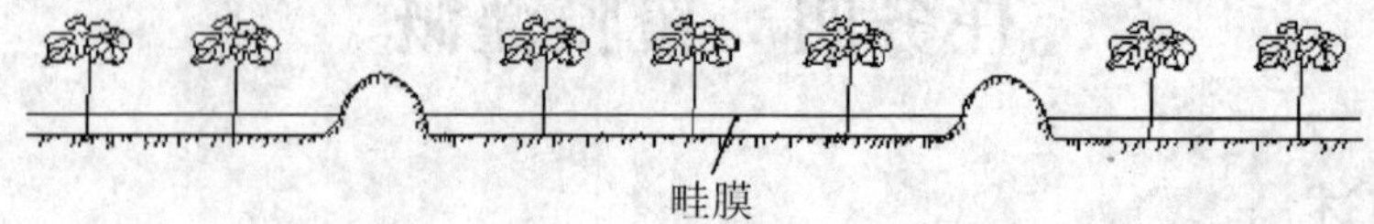


图 1 - 10　打埂膜上灌

这种膜上灌技术，畦面低于原田面，灌溉时水不易外溢和穿透畦埂，故入膜流量可加大到 5 L/s 以上。一般畦田宽 0.9 ~ 3.5 m，膜宽 0.7 ~ 1.8 m，根据作物栽培的需要，铺膜形式可分为单膜或双膜。对于双膜的膜畦灌溉，其中间或膜两边各有 10 cm 宽的渗水带，要求田面平整程度较高，以增加横向和纵向的灌水均匀度。

此外，还有一种浅沟膜上灌，它是在麦田套种棉花并铺膜的一种膜上灌形式。这种膜上灌技术在确定地膜宽度时，要根据麦棉套种所采用的种植方式和行距大小确定，同时还应加上两边膜侧各留出的 5 cm 宽度，以作为用土压膜之用。

## 三、膜孔灌溉

膜孔灌溉也称膜孔渗灌，它是指灌溉水流在膜上流动，通过膜孔（作物放苗孔或专用灌水孔）渗入到作物根部土壤中的灌水方法。

膜孔灌溉分为膜孔畦灌和膜孔沟灌两种。膜孔畦灌无膜缝和膜侧旁渗，地膜两侧必须翘起 5 cm 高，并嵌入土埂中，如图 1 - 11 所示。

图 1 - 11　膜孔畦灌

膜畦宽度根据地膜和种植作物的要求确定，双行种植一般采用宽 70 ~ 90 cm 的地膜，三行或四行种植一般采用 180 cm 宽的地膜。作物需水完全依靠放苗孔和增加的渗水孔供给，入膜流量为 1 ~ 3 L/s。该灌水方法增加了灌水均匀度，节水效果好。膜孔畦灌一般适合棉花、玉米和高粱等条播作物。膜孔沟灌是将地膜铺在沟底，作物禾苗种植在垄上，水流通过沟中地膜上的专门灌水孔渗入到土壤中，在通过毛细管作用浸润作物根系附近的土壤，如图 1 - 12 所示。

膜孔沟灌特别适用于甜瓜、西瓜、辣椒等易受水土传染病害威胁的作物。果树、葡萄和葫芦等作物可以种植在沟坡上。灌水沟规格依作物而异，蔬菜一般沟深30～40 cm，沟距80～120 cm；西瓜和甜瓜的沟深为40～50 cm，沟距350～400 cm。

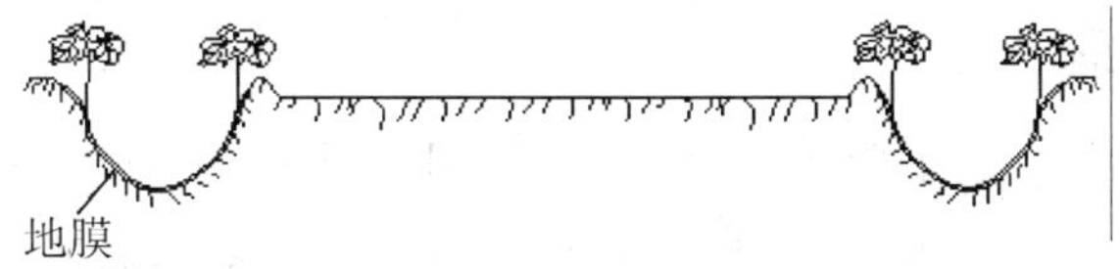


图1－12　膜孔沟灌

## 四、膜缝灌溉

### （一）膜缝沟灌

膜缝沟灌是将地膜铺在沟坡上，沟底两膜相会处留有2～4 cm的窄缝，通过放苗孔和膜缝向作物供水，如图1－13所示。膜缝沟灌的沟长为50 m左右。这种方法减少了垄背杂草和土壤水分的蒸发，多用于蔬菜，其节水、增产效果都很好。

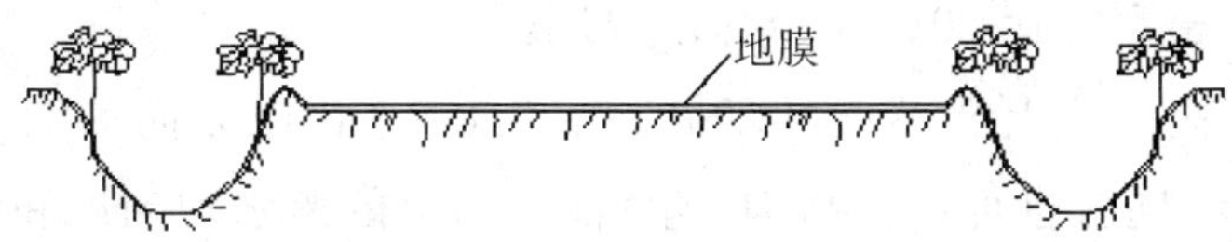


图1－13　膜缝沟灌

### （二）膜缝畦灌

膜缝畦灌是在畦田田面上铺两幅地膜，畦田宽度为稍大于2倍的地膜宽度，两幅地膜间留有2～4 cm的窄缝。水流在膜上流动，通过膜缝和放苗孔向作物供水。入膜流量为3～5 L/s，畦长以30～50 m为宜，要求土地平整。

### （三）细流膜缝灌

细流膜缝灌是在普通地膜种植下，利用第一次灌水前追肥的机会，用机械将作物行间地膜轻轻划破，形成一条膜缝，并通过机械再将膜缝压成一条U形小沟。灌水时将水放入U形小沟内，水在沟中流动同时渗入到土中，浸润作物，达到灌溉目的。它类似于膜缝沟灌，但入沟流量很小，一般流量控制在0.5 L/s为宜，所以它又类似细流沟灌。细流膜缝沟灌适用于1%以上的大坡度地块。

## 五、温室波涌膜孔灌溉

温室波涌膜孔灌溉系统是由蓄水池、倒虹吸控制装置、多孔分水软管和膜孔沟灌组成的半自动化温室灌溉系统。其原理是灌溉小水流由进水口流到蓄水池中，当蓄水池的水面超过倒虹吸管时，倒虹吸管自动将蓄水池的水流输送到多孔出流配水管中，水流在通过多孔出流软管均匀流到温室膜孔沟灌的每条灌水沟中。该系统不仅可以进行间歇灌溉，而且还可以结合施肥和用温水灌溉，以提高地温和减少温室的空气湿度，并提高作物产量和防治病害的发生。该系统主要用于温室条播作物和花卉的灌溉，还可以用于基质无土栽培的营养灌溉上。

## 六、格田膜上灌

格田膜上灌是将土地平整成大小在0.2～1.3 $hm^2$ 左右的格田，格田埂呈三角形，埂高15～20 cm，格田内要平整得特别水平，然后铺膜灌溉。它适用于稻田膜上灌。

## 七、膜上灌灌水技术的特点

节水效果明显。由于灌溉水是通过膜孔或膜缝渗入作物根系区土壤内的，所以它的湿润范围仅局限根系区域，其他部位仍处于原土壤水分状态；而且灌溉水在膜上流动，水流推进速度快，从而减少了深层渗漏，薄膜还完全阻止了作物植株之间的土壤蒸发损失，增强了土壤的保墒作用。与传统的地面灌溉相比较，一般可节水30%～50%，最高可达70%，节水效果显著。

灌水均匀度高。膜上灌不仅可以提高沿沟（畦）长度方向的灌水均匀度和湿润土壤的均匀度，同时也可以提高沟（畦）横断面上的灌水均匀度和湿润土壤的均匀度。这是因为膜上灌可以通过增开或封堵灌水孔来消除沟（畦）首尾或其他部位处进水量的大小，以调整和控制灌水孔数目对灌水均匀度的影响。

改善作物生态环境，增产效益显著。由于灌溉水是在地膜上流动或存储，通过放苗孔和灌水孔向土壤内渗水，因此不会冲刷膜下土壤表面造成土壤肥料的流失，又可以保持土壤疏松，不致使土壤产生板结。

同时，地膜覆盖栽培技术与膜上灌灌水技术相结合，改善了田间土壤水、肥、气、热等作物生态环境，从而促使作物出苗率高，根系发育健壮，生长发育良好，达到增产增收。

## ☆思考题☆

1. 膜上灌灌水方式改善了作物的生长发育环境，同时提高了灌溉水的有效利用效率，该技术特点体现在哪几个方面？

2. 膜孔灌溉对设施农业的意义有哪些？

3. 如何确定膜上灌灌水技术的要素？

4. 运用膜孔沟（畦）灌技术应注意哪些问题？

5. 请设计膜孔畦灌、膜孔沟灌、膜缝畦灌和膜缝沟灌示意图。

# 任务五　波涌灌溉

## ☆任务描述☆

根据波涌灌溉适用性不同，能够对波涌灌溉进行简单认知，并根据作物情况、地面结构等因子设计波涌灌溉系统。

**【资讯】**教师以市场岗位调研、生产实践经验、经济社会需求等方面引入教学任务内容，进行知识点讲解与技能训练分解，并下达工作任务。

**【计划与决策】**学生在熟悉波涌灌溉相关知识点的基础上，查阅资料收集信息，进行工作任务构思，师生针对工作任务的有关问题及解决方法进行答疑、交流，明确思路。

**【实施】**学生在教师辅导下，按照计划分布实施，进行知识点理解和技能训练。

**【检查与评价】**为确保工作任务保质保量完成，在任务的实施过程中进行学生自查、学生互查、教师检查。

## ☆资料☆

波涌灌溉又称涌流灌溉或间歇灌溉。它是把灌溉水断续地按一定周期向灌水沟（畦）供水，逐段湿润土壤，直到水流推进到灌水沟（畦）末端为止的一种节水型地面灌溉新技术。也就是说，波涌灌溉向灌水沟（畦）供水不是连续的，其灌溉水流也不是一次灌水就推进到灌水沟（畦）末端，而是灌溉水在第一次供水输入灌水沟（畦）达一定距离后，暂停供水，过一定时间后再继续供水，如此分几次间歇反复地向灌水沟（畦）供水的地面灌水技术。

波涌灌溉具有灌水均匀、灌水质量高、田面水流推进速度快、省水、节能和保肥等优点，另外还具有容易实行小定额灌溉和自动控制等特点，特别适宜在我国旱作物灌区农田地面灌溉推广应用。但是波涌灌需要较高的管理水平，如操作者技术不熟练，可能会产生问题。

目前，波涌灌溉的田间灌水方式主要有以下三种。

### 一、定时段－变流程方式

定时段－变流程方式也称时间灌水方式。这种田间灌水方式是在灌水的全过程中，每个灌水周期（一个供水时间和一个停水时间）的放水流量和放水时间一定，而每个灌水周期的水流推进长度则不相同。这种方式对灌水沟(畦)长度小于400 m的情况很有效，需要的自动控制装置比较简单，操作方便，而且在灌水过程中也很容易控制。因此，目前在实际灌溉中，波涌灌溉多采用此种方式。

## 二、定流程-变时段方式

定流程-变时段方式也称距离灌水方式。这种田间灌水方式是每个灌水周期的水流新推进的长度和放水流量相同，而每个灌水周期的放水时间不相等。一般这种灌水方式比定时段-变流程方式的灌水效果要好，尤其是对灌水沟(畦)长度大于400 m的情况，灌水效果更佳。但是，这种灌水方式不容易控制，劳动强度大，灌水设备也相对比较复杂。

## 三、定流程-变流量方式

定流程-变流量方式也称增量灌水方式。这种灌水方式是以调整控制灌水流量来达到较高灌水质量的一种方式。这种方式是在第一个灌水周期内增大流量，使水流快速推进到灌水沟(畦)总长度的3/4的位置处停止供水，然后在随后的几个灌水周期中，再按定时段-变流程方式或定流程-变时段方式，以较小的流量来满足计划灌水定额的要求，主要适用于土壤透水性较强的地块。

## ☆思考题☆

1. 阐述波涌灌溉系统的组成，并指出其核心设备。
2. 如何根据常见波涌灌溉的方式，并结合作物种植结构进行波涌灌溉设计？
3. 如何确定波涌灌溉的技术要素？
4. 如何对波涌灌溉进行简单设计、施工及管理维护？

# 教学反馈

地面灌溉是指利用沟、畦等地面设施对作物进行灌水，水流沿地面流动，边流动边入渗的灌溉方法。该灌水方法可分为畦灌、沟灌和淹灌三类。

入渗是指水分从土壤表面进入土壤的过程，是灌溉过程中非常重要的一个环节。影响入渗的因素有供水强度和土壤入渗能力，根据它们之间的相对大小关系可以将入渗过程分为充分供水入渗和非充分供水入渗。

畦灌的灌水技术要素包括畦田规格、入畦流量、灌水持续时间和改水成数；沟灌的灌水技术要素包括灌水沟规格、单沟流量、灌水持续时间和改水成数。以末端封堵的畦灌为例，其灌水过程可分为推进、成池、消退、退水四个阶段，对于顺坡畦

灌一般都是非满流改水而没有成池阶段和消退阶段。对于地面灌溉的灌水质量评价,最常用的指标有灌水均匀度和灌水效率。

覆膜灌溉是在地膜栽培基础上发展起来的一种新的灌水方法,具有保温保墒的效果,节水增产效果显著,缺点是容易造成残膜污染,覆膜以后不便施肥。

波涌灌溉是把灌溉水按一定周期间歇地向畦田(沟)供水,逐段湿润土壤,直到水流推进到畦田(沟)末端为止的一种节水型地面灌水技术。

地面灌溉设计就是根据实际资料,以完成计划灌水定额为前提,以灌水质量较高为目标,确定合理的灌水技术要素。

# 学习情境二

# *渠道灌溉*

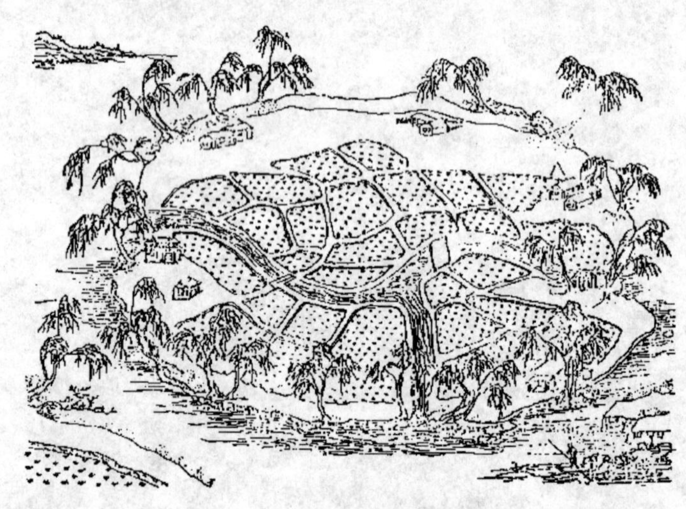

圩垸区地形特点

(选自(清)《授时通考》)

## 学习情境

渠道灌溉系统指从水源取水、通过渠道及其附属建筑物向农田供水、经由田间工程进行农田灌水的工程系统。此外，除了做好渠道灌溉系统规划设计之外，做好渠道防渗工程是提高渠系水利用率首要措施之一。

本情境通过对渠道灌溉系统的认知与实践，一方面使学生了解到渠道防渗工程对于发挥渠灌节水效益非常显著，其次，使学生具备分析任务、完成任务的能力，具备较强的社会人际交往与团队协作能力，并掌握大纲要求的知识目标与能力目标。

## 知识目标

1. 能够阐述灌溉渠道工程分类、特点和适用条件；

2. 阐述不同地形灌溉渠道工程设计要求；

4. 掌握灌溉渠道工程规划设计，特别是不同灌溉渠道横截面设计；

5. 能够进行灌溉渠道工程运行管理；

6. 理解渠道防渗的意义，掌握渠道衬砌类型及其选择；

7. 能够根据涂料防渗的特点及技术要求进行土料防渗结构施工；

8. 能够根据砖石与混凝土防渗特点及技术要求进行砖石与混凝土防渗工程施工；

9. 熟悉膜料防渗的特点及材料性能并能够进行膜料防渗工程设计、膜料防渗工程施工。

## 能力目标

1. 能够根据任务描述，依据资讯、计划、决策、实施、检查及评价等环节要求完成渠道灌溉情境学习；

2. 通过市场岗位调研、生产实践经验及社会经营需求等方面，能够对渠道灌溉系统进行设计和实践；

3. 能够利用信息检索解决学习过程中遇到的问题，具备分析、完成任务的能力；

4. 能够利用丰富多彩的形式完成任务，建立较强的社会人际交往能力、有效沟通能力及团队协作能力；

5. 通过渠道灌溉工程系统设计，科学发展缜密思维，以及严谨勤奋、实事求是的思想行动。

# 任务一　灌溉渠道工程设计

## ☆任务描述☆

根据灌溉渠道技术特点及使用条件，掌握灌溉渠道技术的规划设计内容及方法，以及渠道灌溉系统技术参数及设备的选择，对渠道灌溉系统进行科学合理设计，并能够根据相关规范标准进行施工、运行、管理及维护等工作任务。

**【资讯】**教师以市场岗位调研、生产实践经验、经济社会需求等方面引入教学任务内容，进行知识点讲解与技能训练分解，并下达工作任务。

**【计划与决策】**学生在熟悉灌溉渠道工程设计相关知识点的基础上，查阅资料收集信息，进行工作任务构思，师生针对工作任务的有关问题及解决方法进行答疑、交流，明确思路。

**【实施】**学生在教师辅导下，按照计划分布实施，进行知识点理解和技能训练。

**【检查与评价】**为确保工作任务保质保量完成，在任务的实施过程中进行学生自查、学生互查、教师检查。

## ☆资料☆

### 一、灌溉渠道系统

灌溉渠道系统：从水源取水、通过渠道及其附属建筑物向农田供水、经由田间工程进行农田灌水的工程系统。组成：渠首工程、输配水工程和田间工程。在现代灌区建设中，灌溉渠道系统和排水沟系统是并存的，两者互相配合，协调运行，共同构成完整的灌区水利工程系统。

#### （一）灌溉渠系的组成

如图 2－1 所示，灌溉渠系由各级灌溉渠道和退（泄）水渠组成。灌溉渠道按其使用寿命分为固定渠道和临时渠道两种：固定渠道，多年使用的永久性渠道；临时渠道，使用寿命小于一年的季节性渠道。按控制面积和水量分配层次又可把灌溉渠道分为若干级：大中型灌区的固定渠道一般分为干渠、支渠、斗渠、农渠四级；地形复杂的大型灌区，固定渠道的级数往往多于四级；灌溉面积较小的灌区，固定渠道的级数较少；灌区呈狭长的带状地形，固定渠道的级数也较少，干渠的下一级渠道很短，可称为斗渠，这种灌区的固定渠道就分为干、斗、农三级。农渠以下的小渠道一般为季节性的临时渠道。

退（泄）水渠包括：渠首排沙渠、中途泄水渠和渠尾退水渠。作用：①定期冲刷和排放渠首段的淤沙、排泄入渠洪水、退泄渠道剩余水量；②下游出现工程事故时断流排水等；③调节渠道流量、保证渠道及建筑物安全运行目的。

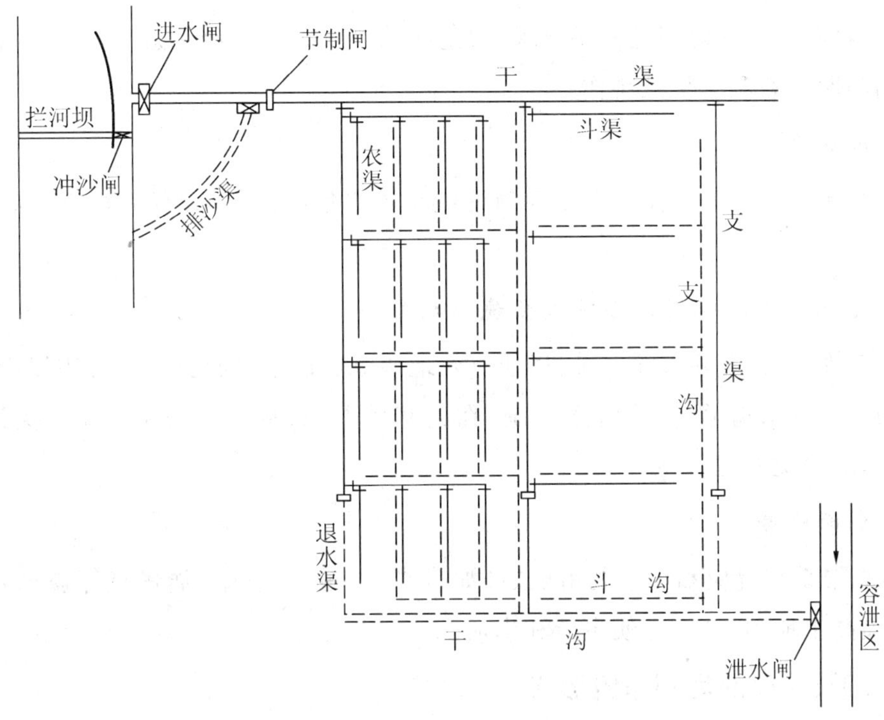


图 2－1　灌溉排水系统示意图

## （二）灌溉渠道的规划原则

### 1. 合理布置渠道

干渠应布置在灌区较高地带，以便自流控制较大的灌溉面积。其他各级渠道也应布置在各自控制范围内的较高地带。对面积很小的局部高地宜采用提水灌溉的方式，不必据此抬高渠道高程。

### 2. 工程量和工程费用最小

一般来说渠线短直，以减少占地和工程量；但在山区、丘陵地区，岗、冲、溪谷等地形障碍较多，地质条件比较复杂；若渠道沿等高线绕岗穿谷，可减少建筑物的数量或减少建筑物的规模，但渠线较长，土方量较大，占地较多；若渠道直传岗、谷，则渠线短直，工程量和占地较少，但建筑物投资较大。具体实施方案需结合经济效益评估。

3. 参照行政区划

灌溉渠道的位置应参照行政区划确定，尽可能使各用水单位都有独立的用水渠道，以利管理。

4. 满足机耕需求

斗、农渠的布置要满足机耕要求，渠道线路要直，上、下级渠道尽可能垂直，斗、农渠的间距要有利于机械耕作。

5. 综合利用

要考虑综合利用，山区、丘陵区的渠道布置应集中落差，以便发电和进行农副业加工。

6. 灌溉渠系统规划迎合排水系统规划结合

在多数地区，必须有灌有排，以便有效地调节农田水分状况。通常先以天然河沟作为骨干排水沟道，布置排水系统，在此基础上，布置灌溉渠系。应避免沟、渠交叉，以减少交叉建筑物。

7. 全面统筹

灌溉渠系布置应和土地利用规划（如耕作区、道路、林带、居民点等规划）相配合，以提高土地利用率，方便生产和生活。

## 二、干、支渠的规划布置形式

干、支渠的布置形式主要取决于地形条件，大致可以分为三种类型。

### （一）山区、丘陵区灌区的干、支渠布置

如图 2－2，山区、丘陵区罐区的地形特点为地形复杂，岗冲交错，起伏剧烈，坡度较陡，河床切割较深，比降较大，耕地分散，位置较高。

1. 干、支渠道的特点

渠道高程较大，比较平缓，渠线较长而且弯曲较多，深挖、高填渠段较多，沿渠交叉建筑物较多。渠道常和沿途的塘坝、水库相连，形成长藤结瓜式水利系统，以求增强水资源的调蓄利用能力和提高灌溉工程的利用率。

2. 干、支渠道的布置

山区、丘陵区的干渠一般沿灌区上部边缘布置，大体上和等高线平行，支渠沿两溪间的分水岭布置，如图 2－2 所示。在丘陵区，如灌区内有主要岗岭横贯中部，干渠可布置在岗脊上，大体和等高线垂直，干渠比降视地面坡度而定，支渠自干渠两侧分出，控制岗岭两侧的坡地，如图 2－3 所示。

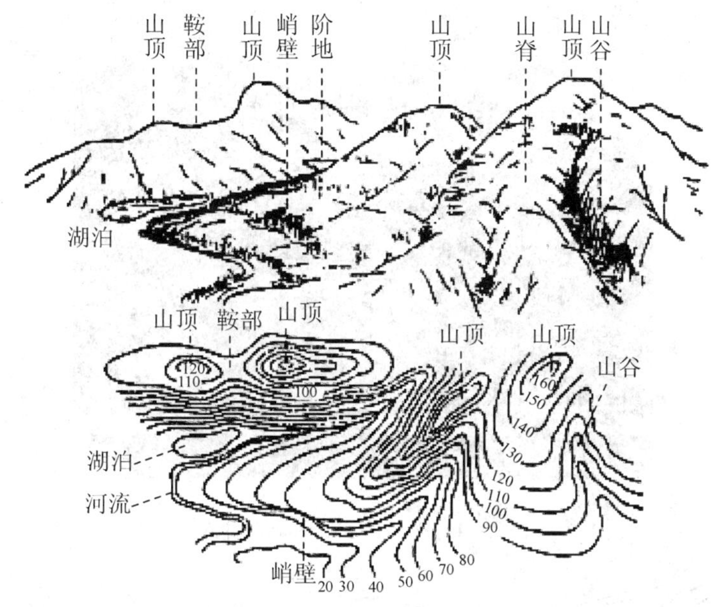


图 2－2　山区、丘陵地区地形特点

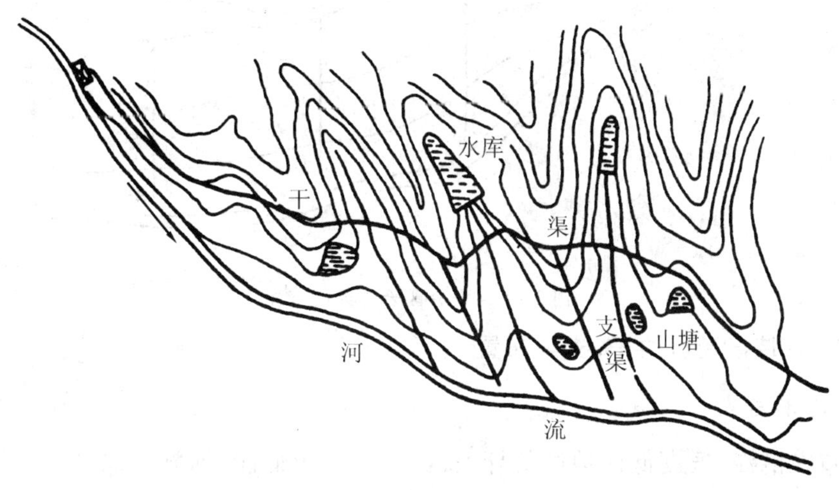


图 2－3　山区、丘陵地区干支渠道布置

## (二)平原区灌区的干、支渠布置

### 1. 地形特点

灌区大多位于河流中、下游地区的冲积平原,平坦开阔,耕地集中连片。山前洪积冲积扇,除地面坡度较大外,也具有平原地区的其他特征。河谷阶地附近坡度平缓,水文地质条件和土地利用等情况和平原地区相似,如图 2－4 所示。

### 2. 干、支渠布置特点

干渠多沿等高线布置,支渠垂直等高线布置,如图 2－5 所示。

图 2-4　平原区灌区的地形特点

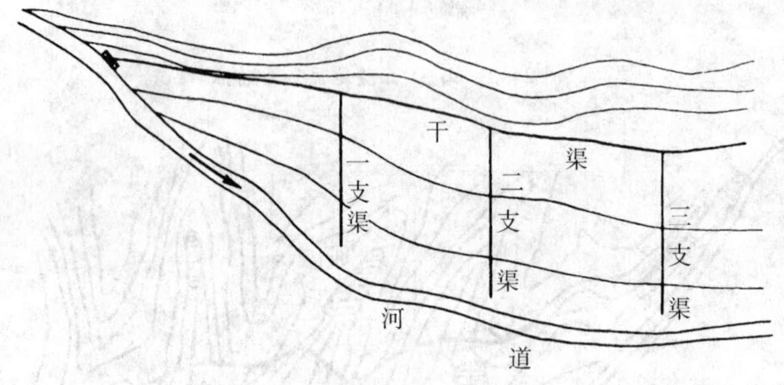


图 2-5　平原区干支渠道布置

### (三) 圩垸区灌区的干、支渠布置

1. **地形特点**

分布在沿江、滨湖低洼地区的圩垸区，地势平坦低洼，河湖港汊密布，洪水位高于地面，必须依靠筑堤圈圩才能保持正常的生产和生活，圩内地形一般周围高、中间低。如图 2-6 所示。

2. **干、支渠特点**

干渠多沿圩堤布置，灌溉渠系通常只有干、支两级，如图 2-7 所示。

## 三、斗、农渠的规划布置

### (一) 斗、农渠的规划要求

斗、农渠的规划和农业生产要求密切相关，除遵守一般水利工程规划原则外，还应满足：适应农业生产管理和机械耕作要求，便于配水和灌水，有利于提高灌水工作效率;有利于灌水和耕作的密切配合;土地平整工程量少。

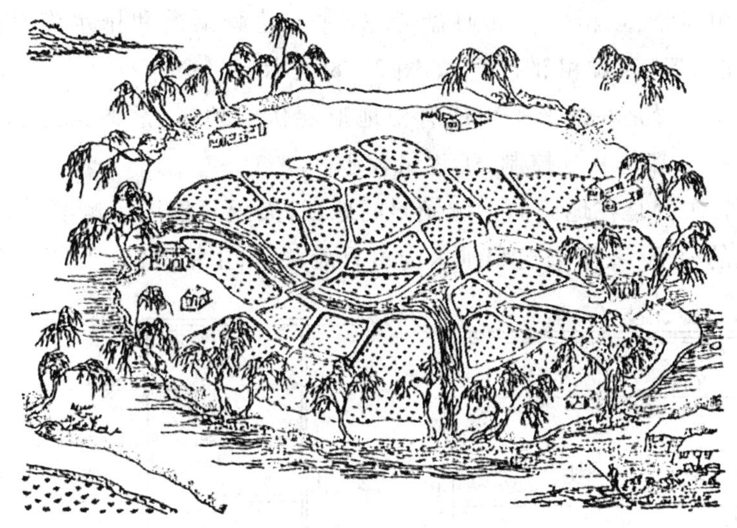

图 2-6　圩垸区地形特点

(选自(清)《授时通考》)

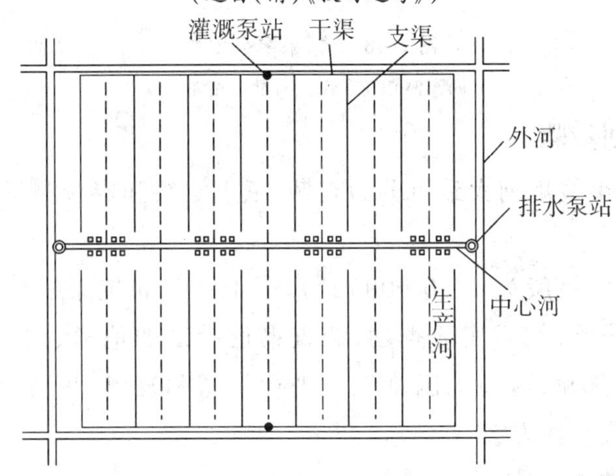


图 2-7　圩垸区干支渠布置

**(二)斗渠的规划布置**

斗渠的长度和控制面积随地形变化很大。山区、丘陵地区的斗渠长度较短,控制面积较小;平原地区的斗渠较长,控制面积较大。我国北方平原地区一些大型自流灌区的斗渠长度一般为 3 ~ 5 km,控制面积为 3 000 ~ 5 000 亩,斗渠的间距依机耕要求确定,和农渠的长度相适应。

**(三)农渠的规划布置**

农渠:末级固定渠道,控制范围为一个耕作单元。长度根据机耕要求确定,平原地区,通常为 500 ~ 1 000 m,间距为 200 ~ 400 m,控制面积为 200 ~ 600 亩;丘陵地区农渠的长度和控制面积较小。

**(四)灌溉渠道和排水沟的配合**

通过互相参照、互相配合和通盘考虑,常见灌溉渠道和排水沟有两种基本形式:灌排相间布置、灌排相邻布置,如图 2-8 所示。

灌排相间布置是在地形平坦或有微地形起伏的地区,灌溉渠道和排水沟渠道交错布置,沟、渠都是两侧控制,工程量较小。

灌排相邻布置是在地面向一侧倾斜的地区,渠道只能向一侧灌水,排水沟也只能接纳一边的径流,灌溉渠道和排水沟道只能并行,上灌下排,互相配合。

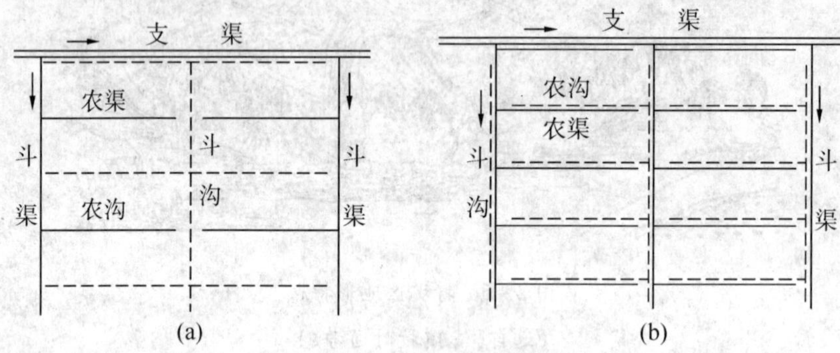


图 2-8 沟、渠配合方式

(a)灌溉相间布置;(b)灌溉相邻布置

## 四、渠线规划步骤

干、支渠道的渠线规划大致可分为查勘、纸上定线和定线测量三个步骤。

**(一)查勘**

先在小比例尺(一般为 1/50 000)地形图上初步布置渠线位置。地形复杂的地段可布置几条线路,然后实际查勘;调查渠道沿线的地形、地质条件、估计建筑物的类型、数量和规模;对施工困难地段进行初堪和复堪,反复分析比较;初步确定一个可行的渠线布置方案。

**(二)纸上定线**

对经过查勘初步确定的渠线,测量带状地形图;在带状地形图上准确地布置渠道中心线位置;在确定渠线位置时,充分考虑到渠道水位的沿程变化和地面高程。平原地区,渠道设计水位一般应高于地面,形成半挖半填渠道,使渠道水位有足够的控制高程;丘陵地区,当渠道沿线地面横向坡度较大时,可按渠道设计水位选择渠道中心线的地面高程。渠线顺直,避免过多弯曲。

**(三)定线测量**

通过测量,把带状地形图上的渠道中心线放到地面上去,沿线打上木桩,木桩的位置和间距视地形变化情况而定,木桩上写上桩号,并测量各木桩处的地面高程和横向地面高程线,依据设计渠道纵横断面确定各桩号处的挖、填深度和开挖线位置;在平原地区用比例尺等于或大于万分之一的地形图进行渠线规划;先在图纸上初定渠线,再实际调查,修改渠线,然后定线测量,一般不测带状地形图。斗、农渠的规划也参照此步骤。

## 五、渠系建筑物的规划布置

渠系建筑物指各级渠道上的建筑物,按其作用不同,可分为引水建筑物、配水建筑物、交叉建筑物、衔接建筑物、泄水建筑物及量水建筑物等6种。

### (一)引水建筑物

从河流无坝引水灌溉时的引水建筑物就是渠首进水闸,作用是调节引入干渠的流量,有坝引水时的引水建筑物是由拦河坝、冲沙闸、进水闸等组成的灌溉引水枢纽,作用是壅高水位、冲刷进水闸前的淤沙、调节干渠的进水流量、满足灌溉对水位、流量的要求。此外,水泵站和水库也均属于引水建筑物。

当河流水源较丰富,而水位较低,不能满足引水灌溉要求时,在河床上修拦河坝(又称壅水坝、溢流坝或滚水坝),抬高水位,以便自流引水灌溉。这种引水方式叫有坝(或低坝)取水。如图2-9所示。

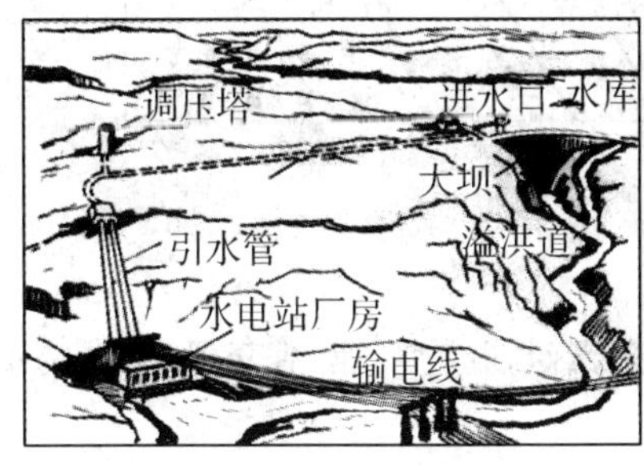

图2-9 引水建筑物

### (二)配水建筑物

配水建筑物:分水闸、节制闸。

#### 1. 分水闸

建在上级渠道向下级渠道分水地方。上级渠道的分水闸就是下级渠道的进水闸。斗、农渠的进水闸惯称为斗门、农门。分水闸的作用是控制和调节向下级渠道的配水流量,其结构形式有开敞式和涵洞式两种。

#### 2. 节制闸

节制闸垂直渠道中心线布置,其作用是根据需要抬高上游渠道的水位或阻止渠水继续流向下游。

设置节制闸情况:壅高上游水位,在下级渠道中,个别渠道进口处的设计水位和渠底高程较高,当上级渠道的工作流量小于设计流量时,进水困难,为了保证该渠道能正常引水灌溉,需要在分水口的下游设一节制闸,壅高上游水位,满足下级渠道的引水要求。

配合轮灌,下级渠道实行轮灌时,需在轮灌组的分界处设置节制闸,在上游渠道轮灌供水期间,用节制闸拦断水流,把全部水量分配给上游轮灌组中的各条下线渠道。为了保护渠道上的重要建筑物和险工渠段,退泄降雨期间汇入上游渠段的降雨径流,通常在它们的上游设泄水闸,在泄水闸与被保护建筑物之间设节制闸,使多余水量从泄水闸流向天然河道或排水沟。如图2－10所示。

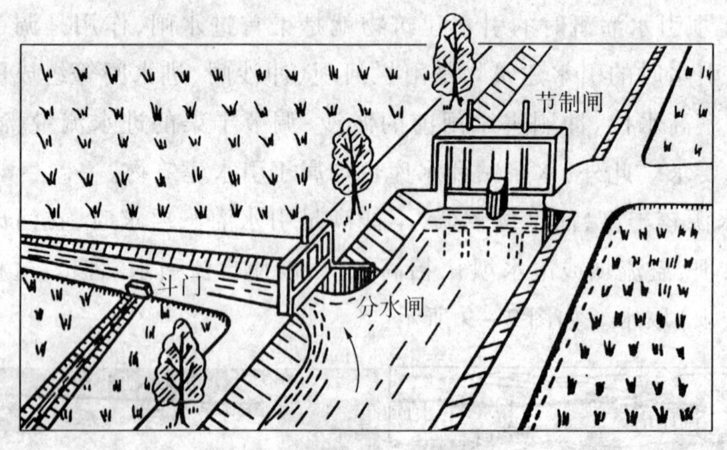


图2－10　节制闸与分水闸

### (三)交叉建筑物

渠道穿越山岗、河沟、道路时需要修建交叉建筑物。常见交叉建筑物有隧洞、渡槽、倒虹吸、涵洞、桥梁等。

#### 1.隧洞

当渠道遇到山岗时,或因石质坚硬、或因开挖工程量过大,往往不能采用深挖方渠道,如沿等高线绕行,渠道线路又长,工程量仍然较大,而且增加了水头损失。在这种情况下,可选择山岗单薄的地方凿洞而过。

#### 2.渡槽

渠道穿过河沟、道路时,如果渠底高于河沟最高洪水位或渠底高于路面的净空大于行驶车辆要求的安全高度时,可架设渡槽,让渠道从河沟、道路上空通过。渠道穿越洼地时,如采取高填方渠道工程量太大,也可采用渡槽。

#### 3.倒虹吸

渠道穿过河沟、道路时,如果渠道水位高出路面或河沟洪水位,但渠底高程却低于路面或河沟洪水位时;或渠底高程虽高于路面,但净空不能满足交通要求时,就要用压力管道代替渠道，从河沟、道路下面通过，压力管道的轴线向下弯曲，形似倒虹吸，如图2-11所示。

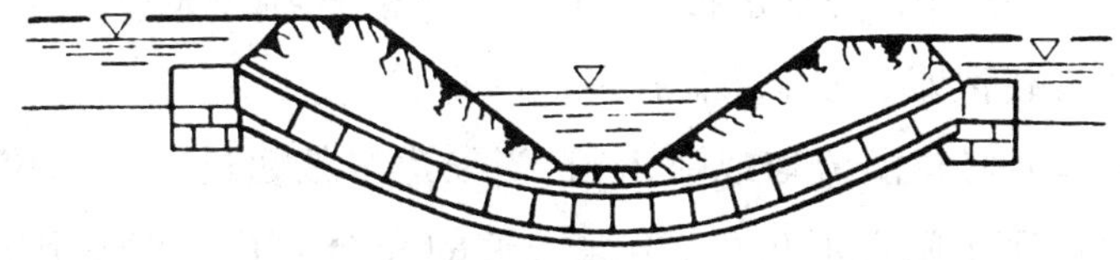

图2-11 交叉建筑物——倒虹吸

4. 涵洞

渠道与道路相交，渠道水位低于路面，而且流量较小时，常在路面下面埋设平直的管道，叫做涵洞。

当渠道与河沟相交，河沟洪水位低于渠底高程，而且河沟洪水量小于渠道流量时，可用填方渠道跨越河沟，在填方渠道下面建造排洪涵洞。

5. 桥梁

渠道与道路相交，渠道水位低于路面，而且流量较大、水面较宽时，要在渠道上修建桥梁，满足交通要求。

如赵州桥，其坐落在河北省赵县洨河上。建于隋代（公元581—618年）大业年间（公元605—618年），由著名匠师李春设计和建造，距今已有约1 400年的历史，是当今世界上现存最早、保存最完善的古代敞肩石拱桥。1961年被国务院列为第一批全国重点文物保护单位。

**（四）衔接建筑物**

当渠道通过坡度较大的地段时，为了防止渠道冲刷，保持渠道的设计比降，就把渠道分成上、下两段，中间用衔接建筑物联结，这种建筑物常见的有跌水、陡坡，见图2-12。一般当渠道通过跌差较小的陡坎时，可采用跌水；跌差较大、地形变化均匀时，多采用陡坡。

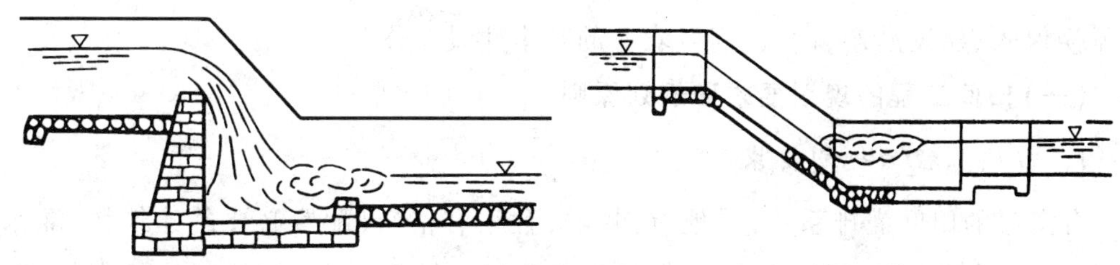

图2-12 衔接建筑物

(a)跌水；(b)陡坡

### (五)泄水建筑物

为了防止由于沿渠坡面径流汇入渠道或因下级(游)渠道事故停水而使渠道水位突然升高,威胁渠道的安全运行,必须在重要建筑物和大填方段的上游以及山洪入渠处的下游修建泄水建筑物,泄放多余的水量。

通常是在渠岸上修建溢流堰或泄水闸,当渠道水位超过加大水位时,多余水量即自动溢出或通过泄水闸宣泄出去,确保渠道的安全运行。泄水建筑物具体位置的确定,还要考虑地形条件,应选在能利用天然河沟、洼地等作为泄水出路的地方,以减少开挖泄水沟道的工程量。从多泥沙河流引水的干渠,常在进水闸后选择有利泄水的地形,开挖泄水渠,设置泄水闸,根据需要开闸泄水,冲刷淤积在渠首段的泥沙。为了退泄灌溉余水,干、支、斗渠的末端应设退水闸和退水渠。

### (六)量水建筑物

为保证灌溉工程的正常运行需要控制和量测水量,以便实施科学的用水管理。在各级渠道的进水口需要量测入渠水量,在末级渠道上需要量测向田间灌溉的水量,在退水渠上要量测渠道退泄的水量。可以利用水闸等建筑物的水位-流量关系进行量水,但建筑物的变形以及流态不够稳定等因素会影响量水精度。

在现代化灌区建设中,要求在各级渠道进水闸下游,安装专用的量水建筑物或量水设备。量水堰时常用的量水建筑物,三角形薄壁堰、矩形薄壁堰和梯形薄壁堰在灌区量水中广为使用。巴谢尔量水槽,虽然结构比较复杂,造价较高,但壅水较小,接近流速对量水精度的影响较小,进口和喉道处的流速很大,泥沙不易沉积,能保证量水精度。

## 六、田间工程规划

田间工程通常指最末一级固定渠道(农渠)和固定沟道(农沟)之间的条田范围内的临时渠道、排水小沟、田间道路、稻田的格田和田埂、旱地的灌水畦和灌水沟、小型建筑物以及土地平整等农田建设工程。做好田间工程是进行合理灌溉、提高灌水工作效率、及时排除地面径流和控制地下水位、充分发挥灌排工程效益、实现旱涝保收、建设高产、优质、高效农业的基本建设工作。

### (一)田间工程的规划要求和规划原则

#### 1. 田间工程的规划要求

有完善的田间灌排系统,旱地有沟、畦,种稻有格田,配置必要的建筑物,灌水能控制,排水有出路,消灭旱地漫灌和稻田串灌串排现象,并能控制地下水位,防止土壤过湿和产生土壤次生盐渍化现象。

田面平整,灌水时土壤湿润均匀,排水时田面不留积水。

田块的形状和大小要适应农业现代化需要，有利于农业机械作业和提高土地利用率。

2. 田间工程的规划原则

田间工程规划是农田基本建设规划的重要内容，必须在农业发展规划和水利建设规划的基础上进行。

田间工程规划必须着眼长远，立足当前，既要充分考虑农业现代化发展的要求，又要满足当前农业生产发展的实际需要，全面规划，分期实施，当年增产。

田间工程必须因地制宜，讲求实效，要有严格的科学态度，注重调查研究，注重走群众路线。

田间工程规划要以治水改土为中心，实行山、水、田、林、路综合治理，创造良好的生态环境，促进农、林、牧、副、渔全面发展。

**(二)条田规划**

条田是末级固定管道(农渠)和末级固定管道(农沟)之间的田块，有的地方称为耕作区。它是进行机械耕作和田间工程建设的基本单元，也是组织田间灌水的基本单元。条田的基本尺寸要满足以下要求：

1. 排水要求

原因：在平原地区，当降雨强度大于土壤入渗速度时，就会产生地面积水，积水深度和积水时间超过作物淹水深度和允许的淹水时间，就会危害作物生长。

过湿和积盐：在地下水位较高的地区，当上升的毛管水到达作物根系集中区时，就会使土壤过湿。若地下水矿化度较高，还会引起表土层积盐。

排水：为了排除地面积水和控制地下水位，最常见的措施就是开挖排水沟。

排水沟：排水沟应有一定的深度和密度。太深容易坍塌，管理维修困难。农沟作为末级固定沟道，间距不能太大，一般为 100 ~ 200 m。

2. 机耕要求

机耕总的要求为条田形状方整，具有一定的长度。

在具体布置时，其规格根据实际情况测定，拖拉机开行长度小于 300 ~ 400 m 时，生产效率显著降低。但当开行长度大于 800 m 时，用于转弯的时间损失所占比重很小，提高生产效率的作用已经不明显，因此，从有利于机械耕作这一因素考虑，条田长度以 400 ~ 800 m 为宜。

3. 田间用水管理要求

旱作农渠，特别是机械化程度较高的大型农场，为了在灌水后能及时中耕松土，减少土壤水分蒸发，防止深层土壤中的盐分向表层聚积，一般要求一块条田能在 1 ~ 2 天内灌水完毕。从便于组织灌水考虑,条田长度以不超过500~600 m为宜。

综上所述,条田大小既要考虑除涝防渍和机械化机耕的要求,又要考虑田间用水管理要求,宽度一般为100~200 m。

(三)田间渠系布置

田间渠系:条田内部的灌溉网,包括毛渠、输水垄沟、畦等。田间渠系布置有两种基本形式:纵向布置、横向布置;

1. 纵向布置

灌水方向垂直农渠,毛渠与灌水沟、畦平行布置,灌溉水流从毛渠流入与其垂直的输水垄沟,然后再进入灌水沟、畦。毛渠一般沿地面最大坡度方向布置,使灌水方向和地面最大坡向一致,为灌水创造有利条件。在有微地形起伏地区,毛渠可以双向控制,向两侧输水,以减少土地平整工程量;地面坡度大于1%时,为了避免田面土壤冲刷,毛渠可与等高线斜交,以减少毛渠和灌水沟、畦的坡度。田间渠系的纵向布置如图2-13所示。

2. 横向布置

横向布置的具体原则是灌水方向和农渠平行,毛渠和灌水沟、畦垂直,灌溉水流从毛渠直接流入灌水沟、畦,见图2-13。

这种布置方式省去了输水垄沟,减少了田间渠系长度,节省土地和减少田间水量损失。毛渠一般沿等高线方向布置或与等高线有一个较小的夹角,使灌水沟、畦和地面坡度方向大体一致,有利于灌水。

上述两种布置形式中,纵向布置适用于地形变化较复杂、土地平整度较差的条田;横向布置适用于地面坡向一致、坡度较小的条田。但是,在具体应用时,田间渠系布置方式的选择要综合考虑地形、灌水方向以及农渠和灌水方向的相对位置等因素。

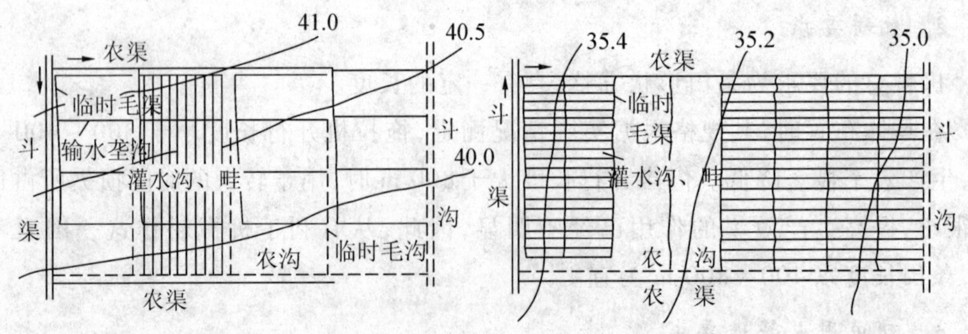


图2-13 田间渠系纵向、横向布置示意图

### （四）稻田区的格田规划

水稻田一般采用淹灌方法，需要在田间保持一定深度的水层。因此，在种稻地区，田间工程的一项主要内容就是修筑田埂，用田埂把平原地区的条田或山丘地区的梯田分隔成许多矩形或方形田块，成为格田。

格田是平整土地、田间耕作和用水管理的独立单元。田埂的高度要满足田间蓄水要求，一般为 20 ~ 30 m，梗顶兼做田间管理道路，宽约 30 ~ 40 m。如图 2 - 14 所示。

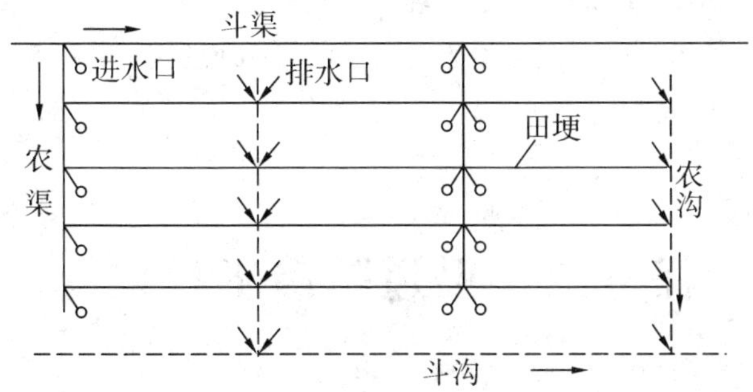


图 2 - 14 稻田区田间灌排工程布置

## 七、土地平整

在实施地面灌溉的地区，为了保证灌溉质量，必须进行土地平整，削高填低，连片成方，改善灌排条件，改良土壤，扩大耕地面积，适应耕作需要。所以，平整土地是治水、改土、建设高产稳产农田的一项重要措施。对土地平整工作有以下要求：

### （一）田面平整，符合灌水技术要求

在实施沟、畦灌溉的旱作区，为了均匀地湿润土壤，必须具有平整的田面，而且沿灌水方向要有适宜的坡度，以利灌溉水流均匀推进。

### （二）精心设计，合理分配土方

渠道系统施工时就近挖、填平衡，运输线路没有交叉和对流，使平整工程量最小，劳动生产率最高。

### （三）保持土壤肥力

在挖、填土方时，要先移走表层熟土，完成设计的挖、填深度以后，再把熟土层归还地面，并适当增施有机肥料，做到当年施工、当年增产。

### （四）改良土壤，扩大耕地

对质地黏重、容易板结的土壤，可进行掺沙改良。通过填平废沟、废塘，拉直沟、渠、田埂等措施，扩大耕地面积，改善耕作和水利条件。

根据以上要求进行土地平整工程的设计和施工，通常以条田或格田作为平整单元，测绘地形图，计算田面设计高程和各点的挖、填深度，确定土方分配方案和运输路线，有组织地进行施工，以达到省劳力、速度快、效果好的目的。

## ☆思考题☆

1. 什么是灌溉渠道工程?

2. 阐述常见渠道灌溉工程的分类。

3. 阐述不同地形下灌溉渠道工程设计要求。

4. 阐述不同灌溉渠道横截面设计特点

5. 灌溉渠道工程规划设计要求有哪些?

6. 如何进行灌溉渠道工程运行管理?

7. 渠道灌溉在我们国家有悠久的历史和广泛的应用,请上网查询我国1~2个著名的渠道工程。

# 任务二　渠道防渗工程设计

## ☆任务描述☆

能够根据渠道防渗原理,进行渠道防渗工程设计,并进行渠道防渗工程材料选择,采取相应的渠道防冻胀措施,同时能够进行渠道冻害工程类型判断及根据渠道防冻胀措施进行渠道工程运行管理等任务。

**【资讯】**教师以市场岗位调研、生产实践经验、经济社会需求等方面引入教学任务内容,进行知识点讲解与技能训练分解,并下达工作任务。

**【计划与决策】**学生在熟悉渠道防渗工程设计相关知识点的基础上,查阅资料收集信息,进行工作任务构思,师生针对工作任务的有关问题及解决方法进行答疑、交流,明确思路。

**【实施】**学生在教师辅导下,按照计划分布实施,进行知识点理解和技能训练。

**【检查与评价】**为确保工作任务保质保量完成,在任务的实施过程中进行学生自查、学生互查、教师检查。

## ☆资料☆

### 一、渠道防渗工程的类型和特点

#### (一)渠道防渗意义

发展节水型农业行之有效的节水技术有渠道防渗、低压管道输水、改进地面灌溉技术、发展喷灌与微灌、实行节水灌溉制度等。这些节水技术无疑均是重要的和必需的，但节水效益最大的技术则是渠道防渗。我国每年灌溉用水量约为 3 500 亿 $m^3$，占农业用水量的 90%，占我国总用水量的 63%。目前我国已建渠道防渗工程 55 万多千米，仅占渠道总长的 18%，80% 以上的渠道没有防渗，渠系水的利用系数很低，平均不到 0.50，低于其他国家（美国为 0.78，前苏联为 0.6～0.7，日本为 0.61，巴基斯坦为 0.58 等）。

从水源到田间，有 50% 以上的灌溉水因渠道渗漏而损失掉了。由于渠道渗漏浪费的水量很大，我国粮食作物的水分生产效率仅为 1kg 左右，而以色列高达 2.32 kg。如果我国灌溉渠系水的有效利用系数提高 0.10，则每年可节约水量 350 亿立方左右，等于正在规划的南水北调中线工程年引水量的 2.7 倍左右，这对缓解我国水资源供需矛盾将起到很大作用。因此，必须首先做好渠道防渗工程，堵住这个浪费水的大洞，提高渠系水的利用率。

渠道的渗漏水量不仅降低了渠系水的利用系数，减少了灌溉面积，浪费了水资源，而且会引起地下水位上升，招致农田渍害，在有盐碱化威胁的地区，还会引起土壤的次生盐碱化，同时还会增加灌溉成本和农民的水费负担，甚至会危及工程的安全运行。

为了减少渠道输水损失，提高渠系水利用系数，一方面要加强渠系工程配套和维修养护，有计划地引水和配水，不断提高灌区管理工作水平；另一方面要采取渠道防渗工程措施，减少渗漏损失水量。

**（二）渠道防渗的作用**

渠道防渗工程措施除了减少渠道渗漏损失、节省灌溉用水量、更有效地利用水资源外，还有以下作用：

（1）提高渠床的抗冲能力，防止渠坡坍塌，增强渠床的稳定性。

（2）减小渠床糙率系数，加大渠道内水流流速，提高渠道输水能力。

（3）减少渠道渗漏对地下水的补给，有利于控制地下水位和防治土壤盐碱化及沼泽化。

（4）防止渠道长草，减少泥沙淤积，节省工程维修费用。

（5）降低灌溉成本，提高灌溉效益。

**（三）渠道防渗工程应符合的要求**

防渗渠道断面应通过水力计算确定，地下水位较高和有防冻要求时，可采用宽浅断面。

地下水位高于渠底时，应设置排水设施。

防渗材料及配合比应通过试验选定。

采用刚性材料防渗时，应设置伸缩缝。

标准冻深大于10 cm的地区,应考虑采用防治冻胀的技术措施。

渠道防渗率,大型灌区不应低于40%;中型灌区不应低于50%;小型灌区不应低于70%;井灌区如采用固定渠道输水,应全部防渗。

大、中型灌区宜优先对骨干渠道进行防渗。

## 二、渠道防渗材料简介

根据所使用的材料,渠道防渗可分为:

1)土料防渗;

2)水泥土防渗;

3)砌石防渗;

4)塑料薄膜防渗(内衬薄膜后再用土料、混凝土或石料护面);

5)沥青混凝土防渗;

6)混凝土防渗等。

其中混凝土衬砌是当今渠道衬砌的主要形式。

目前,我国渠道防渗中存在的主要问题是衬砌技术成本较高。对于西北地区特殊的湿陷性黄土、盐胀土和膨胀土层,渠道衬砌还需解决大变形。

## 三、渠道防渗层的结构及厚度

### (一)土料防渗

土料防渗层的厚度应根据防渗要求通过试验确定。为增加防渗层的表面强度,根据渠道流量大小,表层采用水泥砂浆抹面和涂刷硫酸亚铁溶液的办法。

### (二)水泥土防渗

水泥土防渗层的配合比应通过试验确定。防渗层的厚度宜8~10 cm,小型渠道不应小于5 cm。水泥土预制板的尺寸,应根据制板机、压实功能、运输条件和渠道断面尺寸等功能确定,每块预制板的重量不宜超过50 kg。板间用砂浆挤压、填平,并及时勾缝与养护。

因水泥土的抗冻性较差,故对耐久性要求高的明渠水泥土防渗层,宜用塑性水泥土铺筑,表面再用水泥砂浆、混凝土预制板、石板等材料作保护层。此种防渗层结构,水泥土的水泥掺量可以适当减少,但水泥土28 d的抗压强度不应低于1.5 MPa。

### (三)砌石防渗

护面式砌石防渗层的厚度(见图2-15),浆砌料石采用15~25 cm;浆砌块石采用20~30 cm;浆砌石板厚度不宜小于3 cm。浆砌卵石、干砌卵石(见图2-16)挂淤护面式防渗层的厚度一般采用15~30 cm。

为了防止渠基淘刷,提高防渗效果,干砌卵石挂淤渠道可在砌体下面设置砂砾石垫层或低标号砂浆垫层。浆砌石板防渗层下,可铺厚度 2 ~3 cm 的砂料或低标号砂浆垫层。对防渗要求高的大中型渠道,可在砌石层下加铺黏土、三合土、塑性水泥土或塑膜层。护面式浆砌石防渗层一般不基上挡土墙式浆砌石防渗层宜设 10 ~15 m。

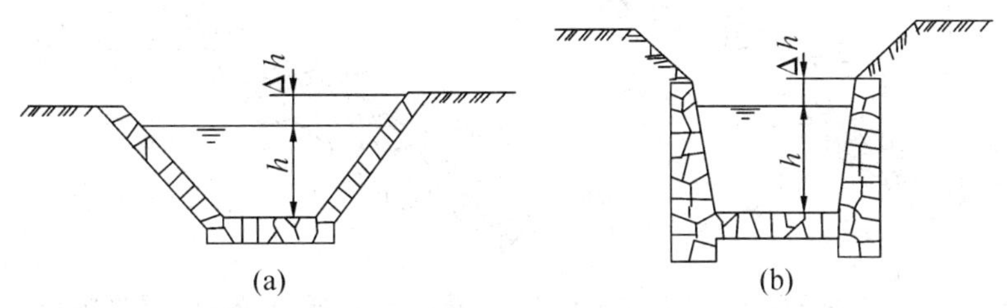


图 2 – 15 浆砌石渠道护面结构

(a)护面式结构;(b)挡土墙式结构

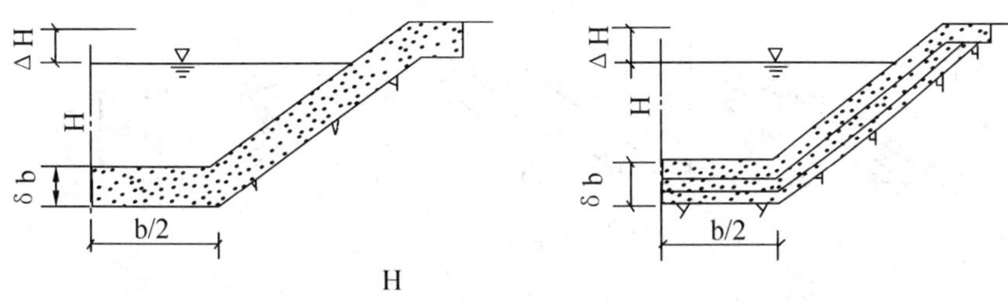


图 2 – 16 埋铺式膜料防渗体的构造

(a)无过渡层的防渗体;(b)有过渡层的防渗体

**(四)膜料防渗**

膜料的基本和沥青。按防渗材料可分为塑料类、沥青和环氧树脂类。按加强不加强土工膜:直喷式土工膜、加强土工膜(玻璃纤维布、聚酯纤维布作加强材料)、复合型土工膜(土工织物作基材)。

目前我国渠道防渗工程普遍采用聚乙烯和聚氯乙烯塑料薄膜,其次是沥青玻璃纤维布油毡。此外,复合土工膜近几年也陆续采用。

膜料防渗多用埋铺式,其结构一般包括膜料防渗层、过渡层、保护层等。用作过渡层的材料很多,应因地制宜地选用。

**(五)沥青混凝土**

沥青混凝土防渗层厚度一般 5 ~ 6 cm(见图 2 – 17),大型渠道可采用 8 ~10 cm。有抗冻要求的地区,渠坡防渗层可采用上薄下厚的断面,一般坡顶厚度 5 ~6cm,坡底厚度 8 ~ 10 cm。整平胶结层采用等厚断面。沥青混凝土边长不宜大于 1.0 m,厚度采用 5 ~8 cm。预制板一般用沥青砂浆砌筑;在地基有较大变形时,也可采用焦油塑料胶泥填筑。

（六）混凝土防渗

混凝土防渗层采用等厚板，当渠基有较大膨胀、沉陷等变形时，除采取必要的地基处理措施外，对大型渠道宜采用楔形板、肋梁板、中部加厚板或“Ⅱ”形板。混凝土防渗体的结构形式如图 2－18 所示。

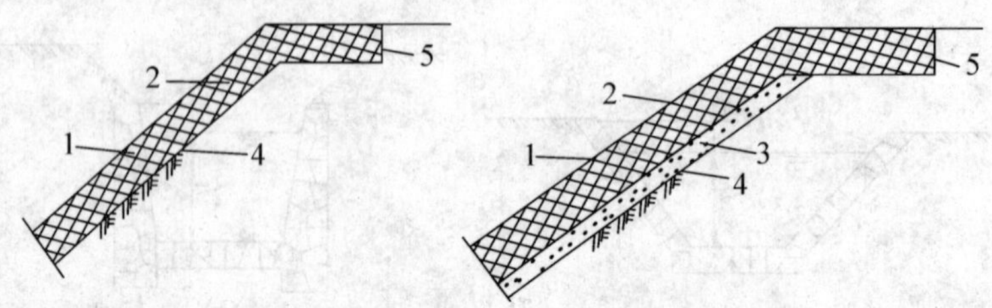


1－封闭层；2－防渗层；3－整平胶结层；4－土（石）渠基；5－封顶板

图 2－17　沥青混凝土防渗层的结构形式

（a）无整平胶结层的防渗体；（b）有整平胶结层的防渗体

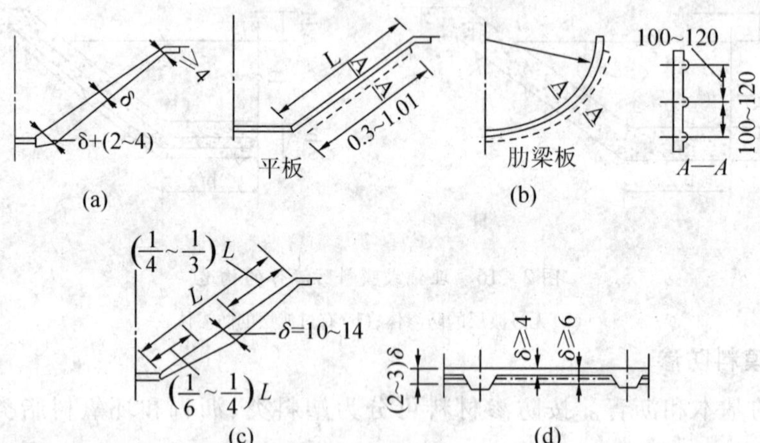


图 2－18　混凝土防渗体的结构形式

## 四、选择防渗技术措施应考虑的因素

根据我国 SL18—91《渠道防渗工程技术规范》规定的各种渠道防渗材料的技术特点、防渗效果、运用条件等，可根据拟建渠道的基本资料，在上述设计总则指导下，具体进行设计。设计时还应综合考虑下列影响因素。

（一）气候条件

气候条件是渠道防渗工程设计和施工要考虑的基本因素。它对防渗材料的耐久性和施工方法具有决定性作用，也是工程防冻胀设计的决定性因素。

（二）地形条件

地形条件往往是决定渠道防渗工程造价的重要因素。在渠道防渗措施中，压力管道受地形影响最小，但太贵；低压管道、输水槽以及混凝土等防渗渠道，较能适应地形的变化；而土料及埋铺式膜料（土保护层）防渗渠道，因允许流速小（为混凝土的1/6左右），只能用于较平坦地区。因此，选择防渗方案时，应考虑地形条件。

**（三）基土性质**

基土的渗透性是决定有无防渗必要和采用哪种防渗措施的关键，土的冻胀敏感性和抗压强度等都是工程设计应考虑的主要性能。对黄土类、壤土类等基础好、渠床稳定的地区，一般采用混凝土、砌石等防渗措施。在含膨胀性黏土或石膏以及孔状灰岩的渠基上，一般不宜采用刚性材料，应采用厚压实土料，或埋铺式膜料类的柔性防渗措施。对于湿陷性黄土渠基，防渗前做完浸水处理后，最好采用埋铺式膜料防渗。也可以改变渠线，使渠道绕过不良土质地带。无法改线时，可用砂、砾石或其他土料换基，以代替不良土壤。但此法造价高，除有抗冻害要求和附近有合适的代换材料外，一般不宜采用。

在选择防渗方案时，应尽量考虑土渠开挖土方的应用问题。如有适宜的土料，可采用压实土料防渗；如开挖的土料不能压实，但可以用作膜料防渗的保护层时，则应采用埋铺式膜料防渗。

**（四）地下水位**

地下水位高于渠底时，防渗层存在承受扬压力的问题。必须在防渗层下设排水设施。在寒冷地区，地下水位的高低，是防渗工程进行防冻胀设计时需要考虑的。

**（五）土地利用及灌溉系统的形式**

为减少占地，在城郊及人口密集地区，应采用暗渠（管）、输水槽或边坡较陡的如U形、矩形断面等刚性材料防渗渠道。为了改善旧有灌溉系统和用水方式，如合并地块，改连续输水为轮流输水，改变种槽作物等，都应考虑采用刚性材料防渗，使配水渠系占地最小。同时也使轮流输水的渠系能更好地满足配水要求。

**（六）防渗标准**

在水费很高的地区，或渗漏水有可能引起渠基失稳，影响正常运行的渠道，防渗标准应提高。建议采用下铺膜料，上部用混凝土板作保护层的措施。据国外有关经验，厚10 cm的混凝土防渗渠道，平均渗漏量为21 L/（m·天），如在混凝土层下加铺聚氯乙烯薄膜，可减少渗漏量95%。只要持续12年，节约的水量，就足以抵偿塑膜增加的投资。

**（七）耐久性**

据资料介绍，埋设混凝土管道使用年限按50年计算，年养护费占造价的

0.1%。印度用的沥青黏土混合料防渗，使用年限按 5 年计，年养护费为造价的 10%。厚 2.5 cm 的泥浆衬砌，估计不超过 2 年，年养护费为造价的 25%。使用年限，对计算工程的经济效益影响很大，设计时应慎重确定。

**（八）材料来源**

应本着因地制宜、就地取材的原则选用防渗措施。料源应充足。如当地无砂、石料而又必须采用混凝土防渗的重要工程，可以采用在他处预制，运到当地施工，或采用人工制砂、石的办法。

当水中含有较多泥沙，且渠基为砂砾石时，如旧渠由于运用时间已久，有天然淤填的作用，也可能不再需要采用其他防渗措施等。

**（九）劳力、能源及机械设备供应情况**

在劳力较多、工资较低的地区，应采用能充分利用劳动力的措施。如采用预制陶瓷板及混凝土板安砌和压实土料防渗等。如压实厚度超过 0.5 m 或用现浇混凝土防渗的，则可采用推土机、铲运机、羊足碾及浇筑机等设备，以保证施工质量，加快施工进度，使防渗工程早日受益。

**（十）管理养护**

如渠道需要频繁地放水和停水，渠道水位有较大的升降变化时，最好采用刚性材料防渗。

土料防渗，不能控制杂草及淤积，同时在劳力昂贵的地方，并不比刚性材料防渗便宜。明铺式膜料、薄黏土层或薄压实土料防渗，易受牲畜践踏等外力破坏，故在使用上受到限制。

在已成土渠上建防渗工程，因施工时间短，渠基不能很快干燥，很难采用现浇的刚性材料护面，故最好能采用机械或人工预制安装混凝土板的措施，以加快进度，保证输水。

**（十一）工程费用**

渠道防渗措施是否经济，应以效益的大小来衡量。在资金允许情况下，应尽量选取标准较高的防渗方案。新建渠道的防渗工程应与修渠同时进行，设计和施工一次完成。

## 五、土体冻胀机理分析

在北方水利工程中，输水渠道衬砌体因受冻胀作用而破坏的例子屡见不鲜。冻害是混凝土防渗渠道的大敌。山东韩墩引黄灌区衬砌渠道的统计，冻胀引起的损坏数占混凝土板总损坏数的 80% 以上。有的新修渠道，使用 1 至 2 年就出现了裂缝。

渠道混凝土冬季胀裂，春夏季气温回升，渠道土体融缩，渠道衬砌体随之回缩复位，但留有残余变形，连年往复，复位残余变形量增大，直至失稳滑塌，彻底损坏。因为冻胀破坏，有的渠道坏了修、修了坏，反复建设，反复投资，费用相当大，给工程使用和管理带来了很多麻烦，付出了不少经济代价。

随着认识的不断深入，工程抗冻胀问题，已很实际地成为工程设计者需要认真对待和研究的课题。

自20世纪70年代以来，我国渠道防渗工程的防冻胀技术在不断总结工程试验成果基础上，取得了很大进展，提出了防渗结构“允许一定冻胀位移量”的设计标准和“回避、适应、消减或消除冻胀”的原则，并提供了渠道冻深和冻胀量预报及地基土冻胀性分类方法。

试验研究证明，影响土体冻胀的主要因素是气温、土体中水分及土质。气温负温值越高，土体冻胀量越大；土体内水分越多，补给水分越充分，土体冻胀量越大；土体黏粒含量越高，土体结构越密实，土体冻胀量越大。所以，负温值、土体内水分、土体物理特性和结构与冻胀量存在函数关系。土是多孔、多相的松散介质，其组成物如矿物颗粒，有机质，孔隙水和气在孔间上排列与组合一般是无序的，即具有随机性。冻结作用对土体施加外力使土体冻胀，原因是水的密度为1 $t/m^3$，冰的密度为0.92 $t/m^3$，当土中水一旦冻成冰，体积要膨胀9%，从而产生冻胀力排开土颗粒。土体孔隙水中自由水不受土颗粒电分子引力束缚，容易冻结，孔隙水中的结合水（或称薄膜水、吸着水）因受土粒电分子引力束缚强，不易冻结。土颗粒越细则电分子引力束缚越强，冻结越缓慢。

因此土体冻结过程中大孔隙中自由水先冻结，把土体中大颗粒土粒先抬起，随后小孔隙中水的冻结将大颗粒持续向上抬升，造成冻结过程中土颗粒垂直位移现象。

土体冻结过程中，会出现水分向冷锋面迁移现象，当迁移水流达到一定流速时会产生微粒土颗粒的迁移，称为对流迁移，冻结力会使土颗粒及孔隙在空间排列和组合由本来的无序性（即随机性）逐渐变得有序，减小土体密度，使土体抗剪强度参数相对降低，影响渠道岸坡稳定性。

在温度梯度引起的未冻水势梯度作用下，冻结体系中未冻水源不断地从高温端向低温端迁移。冻结体系内不同位置处的温度，使该处具有与该温度相对应的未冻水含量，对于迁移未冻水到该处将以冰的形式出现，体积增大，当体积增大受到约束则产生膨胀力。一旦剪应力大于材料抗剪强度，则产生剪切破坏，并在该处形成分凝冰层，这就是土体中分凝冰层和土体冻胀的形成机理。

## 六、渠道衬砌体冻胀破坏机理

渠道的内坡面，是冷空气的直接入侵面。当渠底土体中存在上述3个冻胀因素时,即会产生冻胀作用;沿渠堤土体中自由水分层不均匀存在时,沿渠道内横坡面上的点冻胀量也将不均匀。这种不均匀的冻胀作用就会施加给衬砌体一种力,冻胀量越大,施加给衬砌体的力也就越大;冻胀越不均匀,施加给衬砌体的力也就会越不均匀。

冻胀—融沉作用连年往复,冻胀破坏变形残余量也连年积累,加之土体冻结过程中土粒垂直位移促使土体性质发生变化,密度变小,强度降低,促使衬砌体下滑、崩塌破坏。

渠道冬季冻胀破裂主要有4种形式:剥蚀、冻胀鼓起裂缝、冻胀鼓起台阶、冻胀鼓起滑坡,破坏规律多是沿纵向裂缝按折裂、错位、滑坍而破坏。

## 七、渠道防渗工程的冻害

在季节性冻土地区,细粒土壤中的水分在冬季负温条件下结成冰晶,使土壤体积膨胀,地面隆起,这种现象称为土壤的冻胀。在渠道衬砌的条件下,因衬砌层约束了土体的冻胀变形而产生巨大的推力,称为冻胀力。在冻胀力的作用下,衬砌护面会遭受破坏。

由于渠道各断面接受太阳辐射不均匀,各处温度就不同,土壤的冻深和冻胀量也不同,一般渠底和阴坡的冻胀量大于阳坡。渠床渗漏和地下水上升毛管水的补给影响,使渠床下部土壤的含水量高于上部,也增加了下部土壤的冻胀量。因而,渠道的冻胀破坏以渠底和渠坡下部最为严重。

### (一)渠道防渗工程冻害类型

由于负气温对渠道防渗衬砌工程的破坏作用而失去了防渗意义,统称为渠道防渗工程的冻害。根据负气温造成各种破坏作用的性质,冻害可分以下3种类型。

#### 1. 渠道防渗材料的冻融破坏

渠道防渗材料具有一定的吸水性,这些吸入到材料内的水分在负温下冻结成冰,体积发生膨胀。当这种膨胀作用引起的应力超过材料强度时,就会产生裂缝并增大吸水性,使第二个负气温周期中结冰膨胀破坏的作用加剧。如此经过多次冻结—融化循环和应力的作用,使材料破坏、剥蚀、冻酥,从而使结构完全受到破坏而失去防渗作用。

#### 2. 渠道中水体结冰造成防渗工程破坏

当渠道在负气温期间通水时,渠道内的水体发生冻结。在冰层封闭且逐渐加厚时,对两岸衬砌体产生冰压力,造成衬砌体破坏或产生破坏性变形。

#### 3. 渠道基土冻融造成防渗工程破坏

由于渠道渗漏、地下水和其他水源补给,渠道基土含水量较高,在冬季负气温作用下,土壤中的水分发生冻结而造成土体膨胀,使混凝土衬砌开裂、隆起而折断。在春季消融时又造成渠床表土层过湿、疏松而使基土失去强度和稳定性,导致衬砌体的滑塌。

混凝土预制板的衬砌形式,在较寒冷地区是不可取的。对于采用混凝土现浇形式的梯形衬砌工程,应根据当地具体的土性和气温条件,经过理论计算,求得所需混凝土标号值和衬砌厚度,并分部位按冻胀力大小选取;纵向不应预留伸缩缝或工作缝,横向伸缩缝填料必须密实,以防透水。

从经济安全角度考虑,阴坡和阳坡要区别对待,在理论分析和内力计算的基础上以变截面形式为佳,对个别部位采取加强措施。从削减冻胀力角度出发,砌体背后应布设大孔隙滤水体,以便深排活性水和消纳冻移水,减小冻胀力。提倡衬体背后铺设膜料,膜料作用有:一是可阻止渠内水向渠体土体入渗;二是膜料还可保持地温,提高渠堤土体温度,减小冻胀。在有条件地区,可尽量考虑采用曲面形式衬砌,如变梯形断面为"U"型或改良"U"型,以求提高衬体的整体性和刚度条件,抵抗冻胀破坏。

### (二)冻胀破坏形式

#### 1. 混凝土防渗

混凝土属于刚性衬砌材料,具有较高的抗压强度,但抗拉强度较低,适应拉伸变形和不均匀变形的能力较差。在冻胀力和热应力的作用下容易破坏,其破坏形式如下:

(1)鼓胀及裂缝。

冻胀裂缝多出现在尺寸较大的现浇混凝土板顺水方向,缝位一般在渠坡坡脚以上1/4~3/4坡长范围内和渠底中部。当冬季渠道积水或行水时,一般出现在水面附近的渠坡上。

当混凝土板尺寸过大,不能适应温度收缩变形时,将由于温度应力造成纵向或横向裂缝。当缝间止水材料不能适应低温变形时,将在分缝处发生开裂。当混凝土板与基土冻结在一起后,由于冻土出现冻胀裂缝,混凝土板亦可能被拉裂。冬季渠内存水并结成较厚冰层的情况下,冰面附近渠坡含水量较高,水分补给充分,冻胀量较大。但混凝土衬砌板的冻胀上抬受到冰层一侧的限制,因而可能在冰缘处出现裂缝或折断。

(2)隆起架空。

在地下水位较高的渠段,渠床基土距地下水近,冻胀量大,而渠顶冻胀量小,造成混凝土衬砌板大幅度隆起架空。这种现象一般出现在坡脚或水面以上0.5~1.5m坡长处和渠底中部,有时也顺坡向上形成数个台阶状。如同2-19所示。

(3)冻融滑塌。

有两种形式。一是由于冻胀隆起架空,使坡脚支撑受到破坏,衬砌板垫层失去稳定平衡,基土融化时,上部板块顺坡向下滑移、错位,互相穿插,如图 2-19 所示。二是渠坡基土融化期的大面砌板塌落下滑,导致坡脚混凝土板被推开,上部衬砌板滑落下滑,如图 2-20 所示。

(4)整体上抬。

渠深1.0 m左右的较小渠道,基土冻胀不均匀性较小,如小型混凝土U形槽和地下水埋藏较深、衬砌体下没有垫层的渠道可能发生整体上抬,如图 2-21 所示。此外,砌石防渗破坏形式与混凝土相似,往往还由于勾缝砂浆受冻融作用而开裂,如图 2-22 所示。

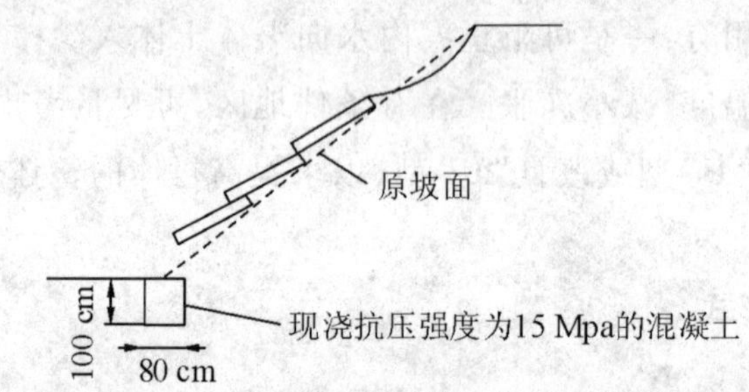


图 2-19　流土引起渠道冻融滑坡破坏示意图

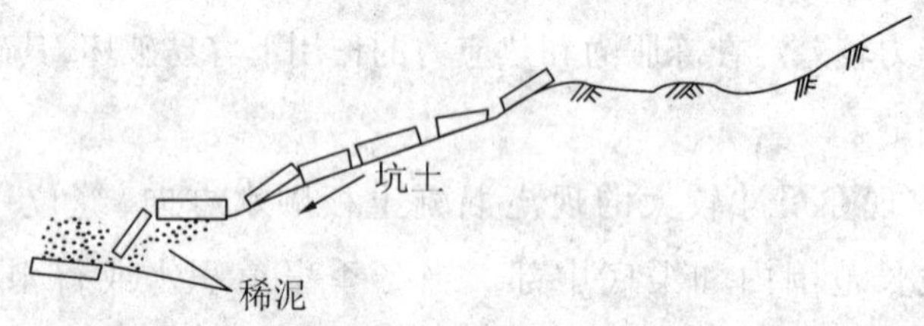


图 2-20　流土引起渠道冻融滑坡破坏示意图

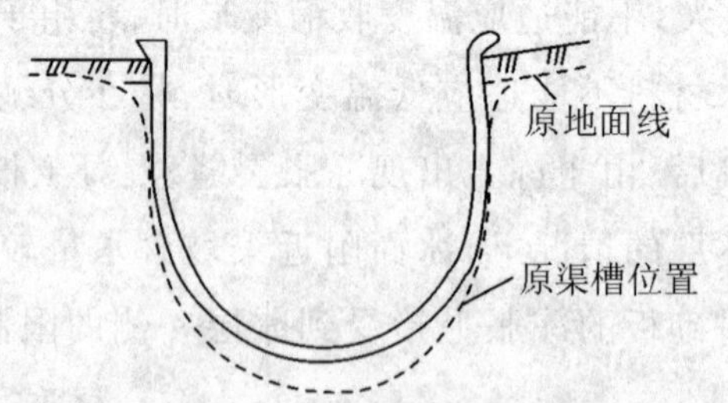


图2-21　小型混凝土U型槽发生整体上抬

2. 膜料防渗

铺埋式衬砌冻害,主要表现在膜料的保护层上土料保护层常因逐年冻融剥蚀变薄,渠道由规则的梯形变成宽U形,甚至膜料外露而遭到破坏,如图 2-23 所示。刚性保护层效果较好。但在强冻胀土区,也可能出现类似刚性材料的冻胀形式。外露式膜料衬砌,易受机械作业破坏或老化。在冻胀性土区,由于渠坡的反复冻融,融土蠕动下滑,使薄膜鼓胀,无法复位,如图 2-24 所示。

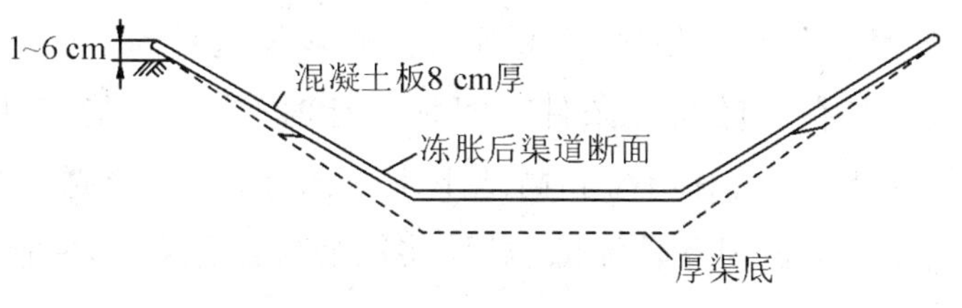


图 2-22 混凝土衬砌板顺坡向上推移

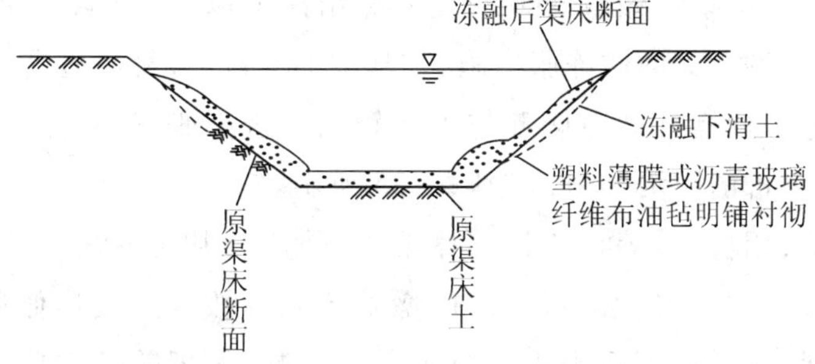


图 2-23 保护层剥蚀后膜料外漏

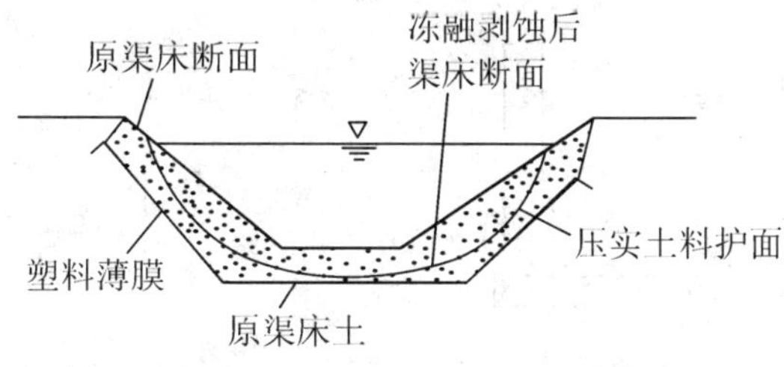


图 2-24 外露式膜料衬砌破坏

3. 沥青混凝土防渗

沥青混凝土在低温下仍具有一定的柔性,能适应一定的变形,但基土冻胀量大时仍可能破坏。且沥青混凝土的温度收缩系数大,在低温下易产生收缩裂缝,若不加处理,就给渠水入渗造成通路。此外,沥青混凝土在自然条件作用下,存在自然老化问题,从而降低了适应冻胀的能力。

## 八、防冻害的措施

根据冻害成因分析,防渗工程是否产生冻胀破坏、其破坏程度如何,取决于土冻结时水分迁移和冻胀作用,而这些作用又和当时当地的土质、土的含水量、负温度及工程结构等因素有关。因而,防治衬砌工程的冻害,要针对产生冻胀的因素,根据工程具体条件从渠系规划布置、渠床处理、排水、保温,以及衬砌的结构形式、材料、施工质量、管理维修等方面着手,全面考虑。

**(一)回避冻胀法**

回避冻胀是在渠道衬砌工程的规划设计中,注意避开出现较大冻胀量的自然条件,或者在冻胀性土质存在地区,注意避开冻胀对渠道衬砌工程的作用。

1)避开较大冻胀存在的自然条件。规划设计时,应尽可能避开黏土、粉质土壤、松软土层、淤泥土地带、有沼泽和高地下水位的地段,选择透水性较强不易产生冻胀的地段或地下水位埋藏较深的地段,将渠底冻结层控制在地下水毛管补给高度以上。

2)埋入措施。将渠道做成管或涵埋入冻结深度以下,可以免受冻胀力、热作用力等影响,是一种可靠的防冻胀措施,它基本上不占地,易于适应地形条件。

3)置槽措施。置槽可避免侧壁与土接触以回避冻胀,常被用于中、小型填方渠道上,是一种廉价的防治措施,如图2-25所示。

4)架空渠槽,用桩、墩等构筑物支撑渠槽,使其与基土脱离,避免冻胀性基土对渠槽的直接破坏作用,但必须保证桩、墩等不被冻拔。此法形似渡槽,占地少,易于适应各种地形条件,不受水头和流量大小限制,管理养护方便,但造价高,如图2-26所示。

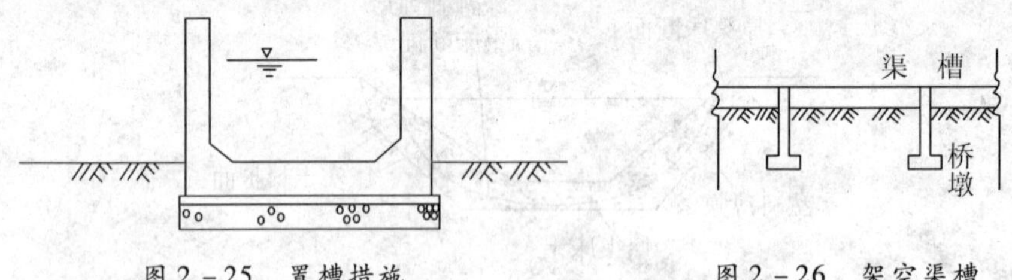


图2-25 置槽措施　　图2-26 架空渠槽

**(二)削减冻胀法**

**1.置换法**

置换法是在冻结深度内将衬砌板下的冻胀性土换成非冻胀性材料的一种方法,通常采用铺设砂砾石垫层。砂砾石垫层不仅本身无冻胀,而且能排除渗水和阻止、下层水向表层冻结区迁移,所以砂砾石垫层能有效地减少冻胀,防止冻害现象发生。

**2.隔垫保温**

将隔热保温材料(如炉渣、石蜡渣、泡沫水泥、蛭石粉、玻璃纤维、聚苯乙烯泡沫板等)布设在衬砌体背后,以减轻或消除寒冷因素,并可减小置换深度,隔断下层土的水分补给,从而减轻或消除渠床的冻深和冻胀。

目前采用较多的是聚苯乙烯泡沫塑料(EPS),具有自重轻、强度高、吸水性低、隔热性好、运输和施工方便等优点，主要适用于强冻胀大、中型渠道，尤其适用于地下水位高于渠底冻深范围且排水困难的渠道。

3. 压实

压实法可使土的干密度增加，孔隙率降低，透水性减弱，密度较高的压实土冻结时，具有阻碍水分迁移、聚集，从而削减甚至消除冻胀的能力。压实措施尤其对地下水影响较大的渠道有效。

4. 防渗排水

当土中的含水量大于起始冻胀含水量，才明显地出现冻胀现象。因此，防止渠水和渠堤上的地表水入渗，隔断水分对冻层的补给，以及排除地下水，是防止地基土冻胀的根本措施。

**(三)优化结构法**

所谓优化结构法，就是在设计渠道断面衬砌结构时采用合理的形式和尺寸，使其具有消减、适应、回避冻胀的能力。

弧形渠底梯形断面和U形渠道已在许多工程中应用，证明对防止冻胀有效。弧形渠底梯形断面适用于大、中型渠道，虽然冻胀量与梯形断面相差不大，但变形分布要均匀得多，消融后的残余变形小，稳定性强。U形断面适用于小型支、斗渠，冻胀变形为整体变位，且变位较均匀。

**(四)加强运行管理**

冬季不行水渠道，应在基土冻结前停水；冬季行水渠道，在负温期宜连续行水，并保持在最低设计水位以上运行。

每年应进行一次衬砌体裂缝修补，使砌块缝间填料保持原设计状态，衬砌体的封顶应保持完好，不允许有外水流入衬砌体背后。

应及时维修各种排水设施，保证排水畅通。冬季不行水渠道，应在停水后及时排除渠内和两侧排水沟内积水。

## ☆思考题☆

1. 试阐述渠道防渗的意义。
2. 渠道防渗工程应符合哪些要求？
3. 常见渠道防渗材料的特点和适用条件有哪些？
4. 选择渠道防渗措施应注意什么？
5. 试分析土体冻胀机理。
6. 渠道衬砌体冻胀破坏机理分析。

7. 什么是冻胀、渠道防渗工程冻害?

8. 阐述冻害破坏的类型有哪些?

9. 阐述渠道衬砌防冻胀措施有哪些?

# 任务三　管道灌溉工程设计

## ☆任务描述☆

能够根据管道灌溉系统特点及使用条件,特别是低压管道灌溉工程系统类型、组成及主要设备,进行灌溉管道技术的规划设计、施工前的组织及准备工作、管道水压及渗水量的试验目的方法及工程竣工验收程序等任务。

【资讯】教师以市场岗位调研、生产实践经验、经济社会需求等方面引入教学任务内容,进行知识点讲解与技能训练分解,并下达工作任务。

【计划与决策】学生在熟悉管道灌溉工程设计相关知识点的基础上,查阅资料收集信息,进行工作任务构思,师生针对工作任务的有关问题及解决方法进行答疑、交流,明确思路。

【实施】学生在教师辅导下,按照计划分布实施,进行知识点理解和技能训练。

【检查与评价】为确保工作任务保质保量完成,在任务的实施过程中进行学生自查、学生互查、教师检查。

## ☆资料☆

### 一、管道输水灌溉系统规划的原则与内容

#### (一)规划的基本原则

##### 1. 全面规划,统筹安排

管灌系统属于农田基本建设规划范畴,因此必须与当地农业区划、水利规划及农田基本建设规划相结合。在原有农业区划和水利规划基础之上,综合考虑与规划内沟、渠、路、林、输电线路、引水水源等布置的关系。统筹安排、全面规划,充分发挥已有水利工程的作用。

##### 2. 近期需要与远景规划相结合

结合当前的经济状况和今后农业现代化发展的需要,特别是节水灌溉技术的发展需要。如果管道系统有可能改建为喷灌或微灌系统,规划时,干、支管应采用

符合改建后系统压力要求的管材。既能满足当前的需要,又可避免今后发展喷灌或微灌系统重新更换管材而造成巨大浪费。

3.系统运行可靠

管灌系统长期发挥效益,关键在于能否保证系统运行的可靠性。从规划开始就要对水源、管网布置、管材、管件和施工组织等进行反复比较。不可匆忙施工,不能采用劣质产品。对规划设计安装施工每一个环节严格把关,确保整个管灌系统质量。

4.运行管理方便

管灌系统规划设计时,要充分考虑工程投入运行后科学地运行管理。

5.比较论证

综合考虑管道系统各部分之间的联系,取得最优规划方案。对管道系统规划方案进行反复比较和技术论证,综合考虑引水水源与管网线路、调蓄建筑物及分水设施之间的关系,力求取得最优规划方案。达到节省工程量、减少投资和最大限度地发挥管道系统效益的目的。

**(二)规划内容**

1)确定适宜的引水水源和取水工程的位置、规模及形式。在井灌区应确定适宜的井位,在渠灌区则应选择适宜引水渠段。

2)确定田间灌溉标准,沟畦的适宜长、宽,给水栓入畦方式及给水栓连接软管时软管的适宜长度。

3)论证管网类型,确定管网中管道线路的走向与布置方案。确定管线中各控制阀门、保护装置、给水栓及附属建筑物的位置。

4)拟定可供选择的管材、管件、给水栓、保护装置、控制阀门等设施的系列范围。

**(三)规划设计的主要技术参数**

1.灌溉设计保证率

为了要挑选一个适当年份作为设计灌溉工程供需水量的依据,采用数理统计方法,根据以往若干年份的气象、水文等观测资料,通过统计分析,选出有一定机率的水文年份,作为灌溉设计标准。根据当地自然条件和经济条件确定,但不应低于0.75。

2.管道灌溉系统水利用系数

井灌区不应低于0.95,渠灌区不应低于0.90。

3. 灌溉水利用系数

井灌区不应低于0.80,渠灌区不应低于0.70。

4. 作物耗水强度

### (四)规划设计步骤

1)调查收集基本资料;

2)水量平衡分析;

3)实地勘测并绘制规划区平面图;

4)科学确定取水工程位置;

5)合理设计田间工程布置形式;

6)设计附属建筑物;

7)水力计算;

8)管灌系统结构设计;

9)工程预算,效益分析。

## 二、管道输水工程规划设计方法

管网规划与布置是管道系统规划中最关键一部分。方法是将水源与各给水栓(出水口)之间用管道连接起来形成管网,保证输送所需水量在输送过程中保持水质不发生变化,损耗的水量最小,使整个管网实现正常经济的运行。管网工程投资占管道系统总投资的70%以上,必须对管网合理布置。通过对管网规划布置方案反复比较,最终确定合理方案,以减小工程投资并保证系统可靠运行。

### (一)管网系统布置的原则

(1)井灌区的管网一般以单个井为单元进行布置。在井群统一管理调度情况下,也可采用多井汇流管网系统,但应进行充分的技术经济论证。渠灌区应根据地形条件、地块形状及水源位置和作物布局、灌溉要求等分区布置管网。

(2)应根据水源位置(机井位置或管网入口位置)、地块形状、种植方向及原有工程配套等因素,通过比较,确定采用树状管网或环状管网。

(3)管网布置应满足地面灌水技术指标的要求,在平原区,各级管道尽可能采用双向供水。

(4)管网布置应力求控制面积大,且管线平顺,减少折点和起伏。若管线布置有起伏时,应避免管道内产生负压。

(5)管网布置应紧密结合水源位置、道路、林带、灌溉明渠和排水沟以及供电线路等,统筹安排,以适应机耕和农业技术措施的要求,避免干扰输油、输气管道及电信线路等。

(6)管网布置时应尽量利用现有的水利工程,如穿路倒虹吸和涵管等。

(7)管道级数,应根据系统灌溉面积(或流量)和经济条件等因素确定。

井灌区旱作物区,当系统流量小于 30 $m^3/h$ 时,可采用一级固定管道;系统流量在 30 ~ 60 $m^3/h$ 时,可采用干管(输水)、支管(配水)两级固定管道;系统流量大于 60 $m^3/h$,可采用两级或多级固定管道。

渠灌区,目前主要在支渠以下采用低压管道输水灌溉技术,其管网级数一般为斗管、分管、引管三级。

对于渗透性强的砂质土灌区,末级还应增设地面移动管道。在梯田上,地面移动管道应布置在同一级梯田上,以便移动和摆放。

(8)管线布置应与地形坡度相适应。

如在平坦地形,为充分利用地面坡降,干(支)管应尽量垂直等高线布置;若在山丘区,地面坡度较陡时,干(支)管布置应平行等高线,以防水头压力过大而需增加减压措施。田间最末一级管道,其布置走向应与作物种植方向和耕作方向一致,移动软管或田间垄沟垂直于作物种植行。

(9)给水栓和出水口的间距应根据生产管理体制、灌溉方法及灌溉计划确定,间距宜为 50 ~ 100 m,单口灌溉面积宜为 0.25 ~ 0.6 公顷。单向浇地取较小值,双向浇地取较大值。在山丘区梯田中,应考虑在每个台地中设置给水栓,以便于灌溉管理。

(10)在已确定给水栓位置的前提下,力求管道总长度最短,管径最小。

(11)充分考虑管路中量水、控制和安全保护装置的适宜位置。渠灌区、丘陵自压灌区、河网提水灌区的取水工程根据需要可设置进水闸、分水闸、拦污栅、沉砂池。

**(二)管网规划布置的步骤**

根据管网布置原则,按以下步骤进行管网规划布置:

(1)根据地形条件分析确定管网形式。

(2)确定给水栓的适宜位置。

(3)按管道总长度最短布置原则,确定管网中各级管道的走向与长度。

(4)在纵断面图上标注各级管道桩号、高程、给水装置、保护设施、连接管件及附属建筑物的位置。

(5)对各级管道、管件、给水装置等,列表分类统计。

**(三)管网布置形式**

井灌渠管网布置形式常见以下几种,如图 2 - 27 和图 2 - 28 所示。

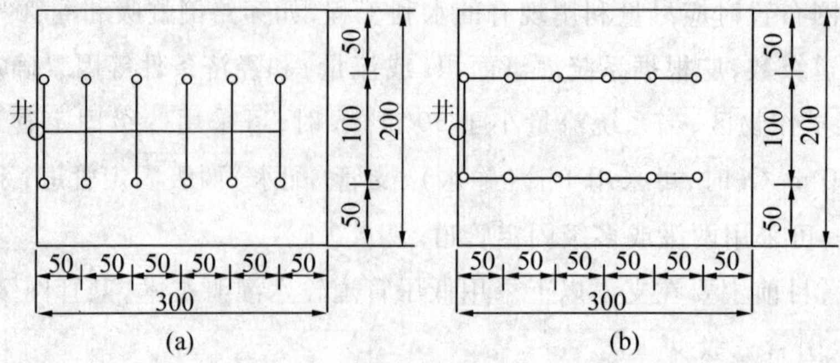


图 2-27 给水栓向一侧分水示意图(一)(单位:m)

(a)主字形布置;(b)Ⅱ形布置

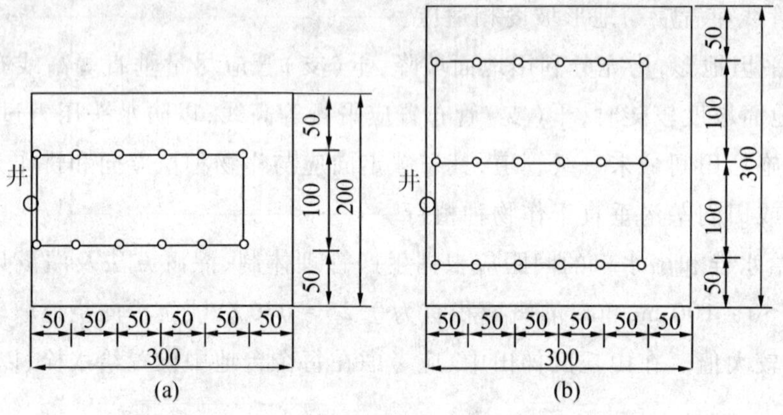


图 2-28 给水栓向一侧分水示意图(二)(单位:m)

(a)单环形布置;(b)双环形布置

**1. 井灌渠管网典型布置形式**

(1)机井位于地块一侧,控制面积较大且地块近似成方形,可布置成图 2-29、图 2-30、图 2-31 所示的形式。这些布置形式适合于井出水量 60~100 $m^3/h$、控制面积 10~20 公顷。地块长宽比约等于 1 的情况。

(2)机井位于地块一侧,地块呈长条形,可布置成“一”字形、L 形、T 形,如图 2-29,图 2-30 和图 2-31 所示。这些布置形式适合于井出水量 20~40 $m^3/h$,控制面积 3~7 公顷,地块长宽比不大于 3 的情况。

(3)机井位于地块中心时,常采用图 2-32 所示的 H 形布置形式。这些布置形式适合于井出水量 40~60 $m^3/h$、控制面积 7~10 公顷。地块长宽比不大于 2 的情况。当地块长宽比大于 2 时,宜采用图 2-33 所示的长“一”字形布置形式。

**2. 渠灌区管网典型布置形式**

渠灌区管灌系统主要采用树枝状管网,影响其具体布置的因素有水源位置及其与管灌区的相对位置，控制范围和面积大小及其形状，作物种植方式、耕作方向和作物根据地形特点。

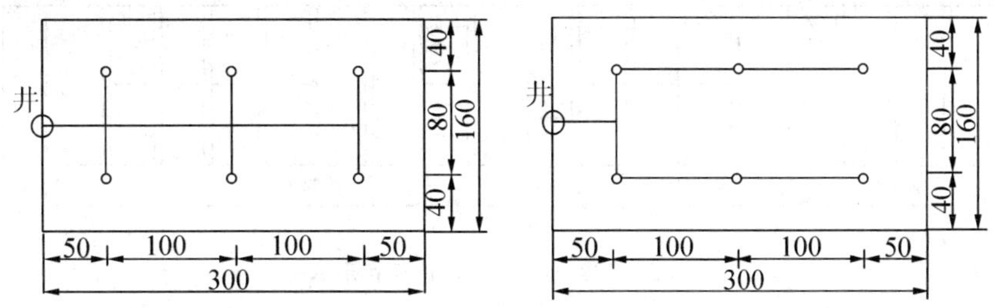


图 2-29 给水栓向两侧分水示意图

(a)圭字形布置；(b)Ⅱ形布置

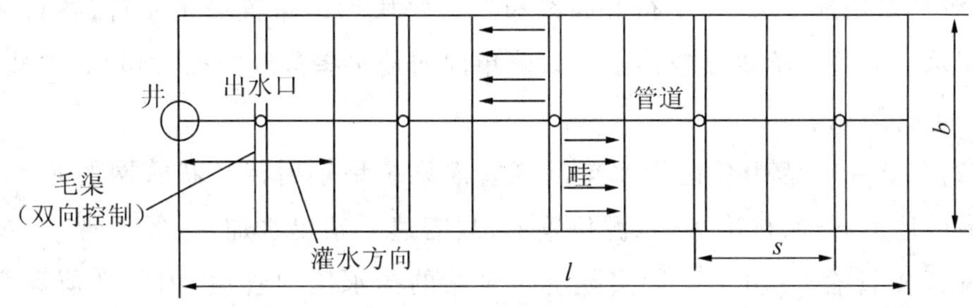


图 2-30 "一"字形布置

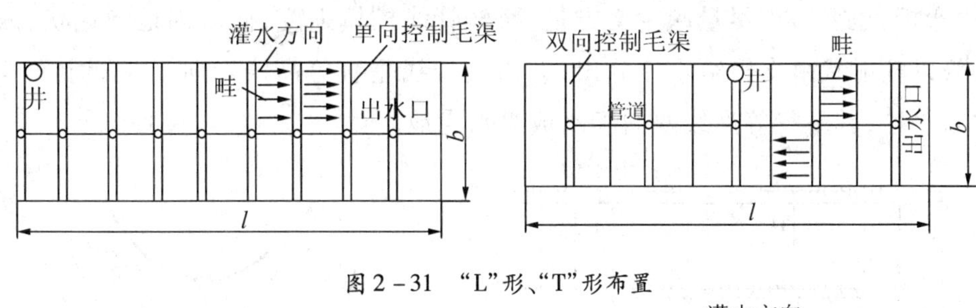


图 2-31 "L"形、"T"形布置

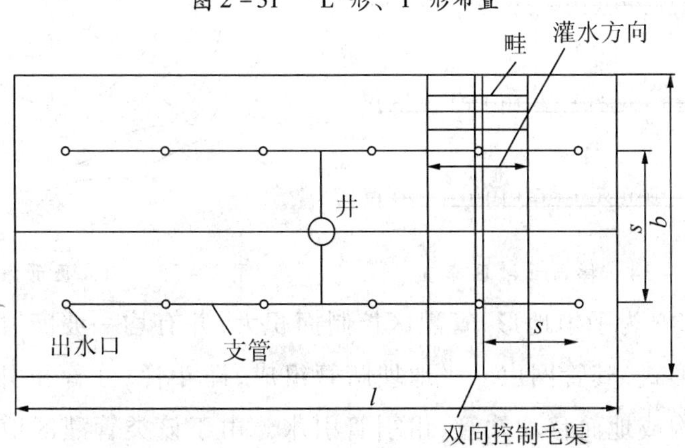


图 2-32 "H" 形布置

以下介绍三种典型渠灌区。

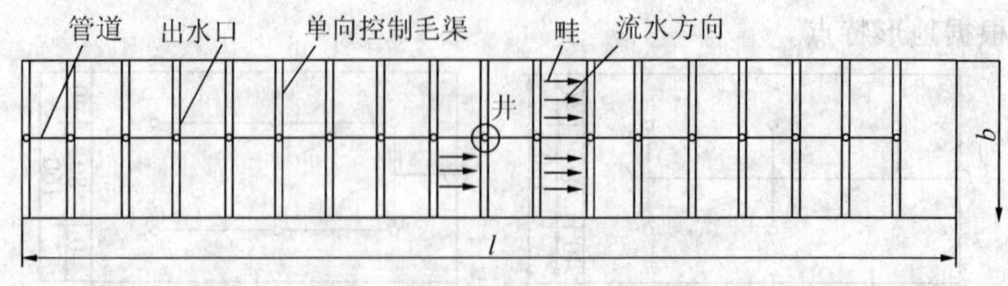


图 2－33　长"一"字形布置形式

(1)图 2－34 为梯田管灌系统树枝状管网的布置形式。由于管灌区地形坡度大,因此置干管沿地形坡度走向,即干管垂直等高线布置。这样干管可双向布置支管,支管均沿田地块方向,平行等高线布置。每块梯田布置一条支管,各自独立由干管引水。支管上给水栓或出水口只能单向向输水垄沟或闸孔管输水,对畦、沟则可双向进行灌溉。

(2)图 2－35 为山丘区提水渠灌区管灌系统呈辐射树枝状管网的布置形式。该管灌区地形起伏,坡度大,水源位置低,故需建泵站提水加压,经干管(为泵站压力水管)、支管输水,由于干管实际上是泵站的扬水压力管道,因此必须垂直等高线布置,以使管线最短。支管平行于等高线布置,但要注意,既要使管线布置顺直,少弯折,也要考虑尽量减少土方量,减轻管线挖填强度,同时因地形起伏,故布置斗管以辐射状由支管给水栓分出,并沿山脊线垂直等高线走向。斗管上布置出水口给水栓,其平行等高线双向配水或灌水浇地。

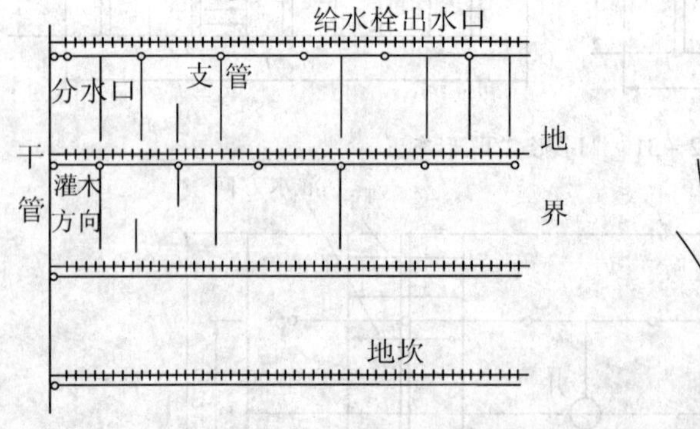


图 2－34　梯田管灌区布置

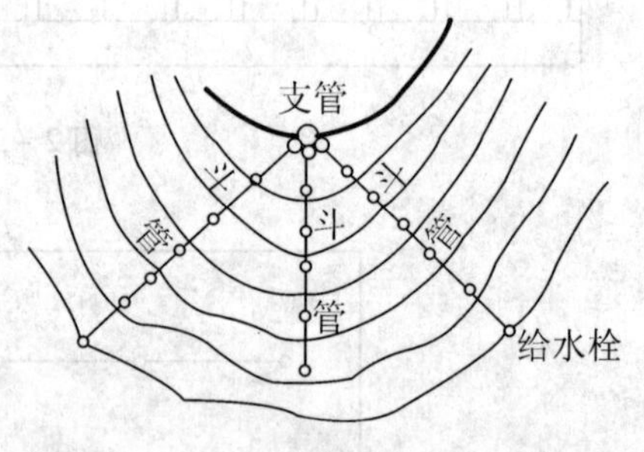


图 2－35　山丘区管灌辐射树枝状布置

(3)图 2－36 为平坦地形,管灌区控制面积大,并有均一坡度情况下的典型树枝状管网布置形式,其管网由三级地埋暗管组成,即斗管、分管和引管。田间灌水可采用输水垄沟或地面移动软管,由引管引水。由于该类管灌区地形既有纵向坡度,又有横向坡度,而且地形坡度总趋势纵横均为单一比较均匀地向下游的坡向,因此管网只能单向输水和配水。

3. 丘陵区管网的布置

(1)对于谷深坡平、耕地相对集中、相对高差在 50 m 以内水低田高的山丘。

可利用管道逆坡远距离输水灌溉。该灌溉系统由水源、机泵、管路系统、田间工程 4 部分组成,工作压力一般在 0.2 ~ 0.4 MPa 之间,灌溉面积的确定要遵循"以供水能力确定面积"的原则。管网布置形式有树枝形、马鞍形、鱼骨形等。干管较长,一般在 1 000 m 左右,垂直于等高线布置;支管沿等高线布置。

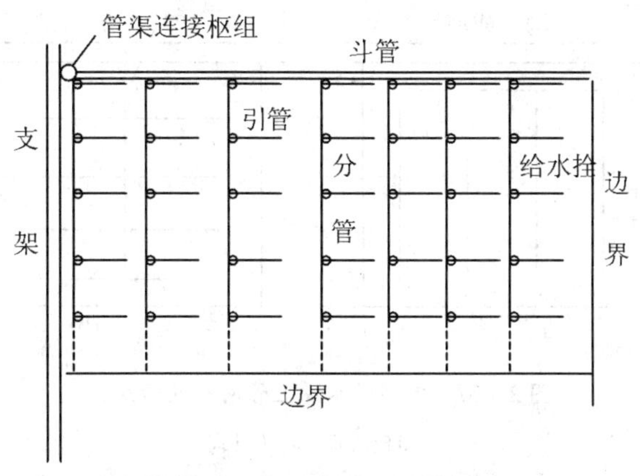


图 2-36 典型树枝管网布置梯田管灌区布置

(2)丘陵区自流管道输水灌溉系统。自渠道取水时,干管(一级管)尽量沿山脊或中间高顺坡布置,支管(二级管)尽量沿等高线布置;直接自水库、引水坝取水的,干管尽量沿等高线布置,支管尽量沿山脊或中间高布置。支管间距一般为 100 ~ 200 m。

4. 河网提水灌区管网的布置

河网提水灌区管灌系统的泵站大多位于河、沟、渠的一边,这就决定了河网提水灌区管灌系统主要有以下两种布置形式。

(1)梳齿式。

如图 2-37(a)所示,干管沿河(沟)岸布置,支管垂直于干管排列,形成二级管网。

(2)鱼骨式。

如图 2-37(b)所示,干管垂直河(沟)岸,支管垂直于干管,沿河沟方向布置。

**(四)灌溉制度和工作制度**

1. 设计灌水定额

灌水定额是指单位面积一次灌水的灌水量或水层深度。管网设计中,采用作物生育期内各次灌水量中最大的一次作为设计灌水定额,对于种植不同作物的灌区,通常采用设计时段内主要作物的最大灌水定额作为设计灌水定额。小麦、棉花和玉米不同生育期灌水湿润层深度和适宜含水率可参考表 2-1。

$$m = 10\gamma_d H(\beta_1 - \beta_2)$$

其中：$H$——计划湿润层深度，cm。一般大田作物取 40～60 cm，蔬菜取 20～30 cm，果树取 80～100 cm；

$\gamma_d$——土壤容重，$g/cm^3$；

$\beta_1$——土壤适宜含水率（质量分数）上限，取田间持水率的 85%～95%；

$\beta_2$——土壤适宜含水率（质量分数）下限，取田间持水率的 60%～65%。

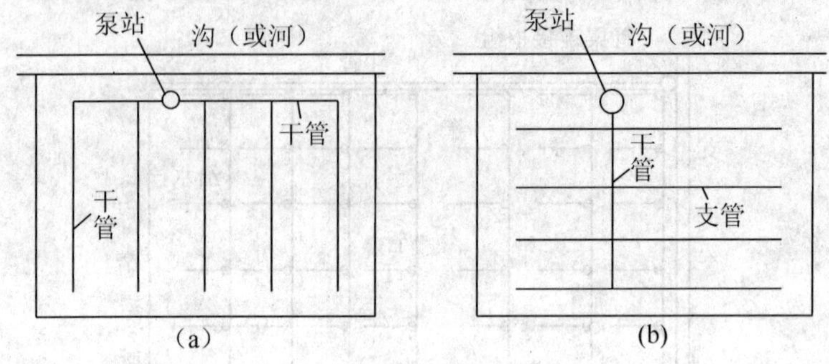


图 2－37　河网提水灌区管网布置示意图

(a)梳齿式 (b)鱼骨式

**表 2－1　土壤计划湿润层深度和适宜含水率表**

| 冬小麦 | | | 棉花 | | | 玉米 | | |
|---|---|---|---|---|---|---|---|---|
| 生育阶段 | $h$/cm | 土壤适宜含水率/(%) | 生育阶段 | $h$/cm | 土壤适宜含水率/(%) | 生育阶段 | $h$/cm | 土壤适宜含水率/(%) |
| 出苗 | 30～40 | 45～60 | | | | 幼苗 | | |
| 三叶 | 30～40 | 45～60 | | | | 拔节 | 40 | |
| | | | 幼苗 | 30～40 | 55～70 | | | 55 |
| 分蘖 | 40～50 | 45～60 | | | | 孕穗 | 40 | |
| | | | 现蕾 | 40～60 | 60～70 | | | 65～70 |
| 拔节 | 50～60 | 45～60 | | | | 抽穗 | 50～60 | |
| | | | 开花 | 60～80 | 70～80 | | | 70～80 |
| 抽穗 | 50～80 | 60～75 | | | | 开花 | 50～80 | |
| | | | 吐絮 | 60～80 | 50～70 | | | 70 |
| 扬花 | 60～100 | 60～75 | | | | 灌浆 | 60～80 | |
| 成熟 | 60～100 | 60～75 | | | | 成熟 | | |

注：土壤适宜含水率以田间持水率的百分数计。

### 2. 设计灌水周期

根据灌水临界期内作物最大日需水量值按下式计算理论灌水周期，因为实际灌水中可能出现停水，故设计灌水周期应小于理论灌水周期，即：

$$T_{理} = \frac{m}{E_p}, T \leqslant T_{理}$$

其中：$T$——设计灌水周期，d；

$E_p$——作物耗水强度，mm/d。

3. **灌溉工作制度**

灌溉工作制度指管网输配水及田间灌水的运行方式和时间,是根据系统的引水流量、灌溉制度、畦田的形状及地块平整程度等因素制定。

(1)灌溉工作方式。

1)续灌方式。灌水期间,整个管网系统的出水口同时出流的灌水方式称为续灌。在地形平坦且引水流量和系统容量足够大时,可采用续灌方式。

2)轮灌方式。在灌水期间,灌溉系统内不是所有管道同时通水,而是将输配水组,以轮灌组为单元轮流灌溉。系统同时只有一个出水口出流时称为集中轮灌;有两个或两个以上的出水口同时出流时称为分组轮灌。井灌区管网系统通常采用这种灌水方式。

3)随机方式。随机方式用水是指管网系统各个出水口在启闭时间和顺序上不出水口工作状态的约束,管网系统随时都可供水,用水单位可随时取水灌溉。

(2)轮灌组数。

系统轮灌组数目是根据管网系统灌溉设计流量、每个出水口的设计出水量及整个的出水口个数按式(2-1)计算的,当整个系统各出水口流量接近时,式(2-1)化为式(2-2)。

$$N = \text{int}\left(\sum_{i=1}^{n} \frac{q_i}{Q_0}\right) \tag{2-1}$$

$$N = \text{int}\left(\frac{nq}{Q_0}\right) \tag{2-2}$$

其中:$N$——轮灌组数;

$q_i$——第 $i$ 个出水口设计流量,$m^3/h$;

int——取整符号;

$n$——系统出水口总数。

(3)轮灌组数划分的原则。

每个轮灌组内工作的管道应尽量集中,以便于控制和管理;

各个轮灌组的总流量尽量接近,离水源较远的轮灌组总流量可小些,但变动幅度不能太大;

地形地貌变化较大时,可将高程相近地块的管道分在同一轮灌组,同组内压力应大致相同,偏差不宜超过20%;

各个轮灌组灌水时间总和不能大于灌水周期;

同一轮灌组内作物种类和种植方式应力求相同,以方便灌溉和田间管理;

轮灌组的编组运行方式式要有一定规律,以利于提高管道利用率并减少运行费用。

(五)管道水力计算

管道工程设计时依据水源供水条件、田间需水要求和管网规划布置等资料,进行管道设计流量、管径选择、水头损失计算和水源压力水位推算及管道变形与强度等力学指标验算等工作,目的是确保管道安全运行条件下取得最大的经济效益。

1. 管道设计流量

管道设计流量是确定管道过水断面和各种管件规格尺寸的依据。根据设计灌水定额、灌溉面积、灌水周期和每天的工作时间可计算灌溉设计流量。在井灌区,灌溉设计流量应小于单井的稳定出水量。在比较小的灌区,通常根据主要作物需水高峰期的最大一次灌水量,按下式(2-3)计算灌溉设计流量

$$Q = \frac{mA}{Tt\eta} \qquad (2-3)$$

式中:$Q$——灌溉设计流量,$m^3/h$;

$m$——设计的一次灌水定额,$m^3$/亩;

$A$——灌溉设计面积,亩;

$T$——一次灌水的连续时间,d;

$t$——每天灌水时间,h;取18~22 h(尽可能按实际灌水时间确定)

$\eta$——灌溉水利用系数,取0.80~0.90。

灌溉设计流量不一定就是管道的设计流量,更不一定就是管道的运行流量。在管灌系统中,多数场合都是以水泵扬水作为水源。此时,进入管网的总流量即为水泵出水量。

树状网:当水泵流量 $Q_0$ 大于灌溉设计流量 $Q$ 时,应取 $Q$ 为管道设计流量;当水泵流量 $Q_0$ 小于灌溉设计流量 $Q$ 时,应取 $Q_0$ 为管道设计流量。环状网:管道设计流量取入网总流量的一半,可最大限度地满足供水可靠性和流量均匀分配的要求。

2. 水头损失计算

(1)沿程水头损失。在管道输水灌溉管网设计计算中,根据不同材料管材使用流态,通常采用式2-4的通式计算有压管道的沿程水头损失:

$$h_f = f\frac{Q^m}{d^b}L \qquad (2-4)$$

式中:$f$——沿程水头损失摩阻系数;

$m$——流量指数;

$b$——管径指数。

各种管材的$f$、$m$、$b$值见表 2－2。

表 2－2　不同管材的$f$，$m$，$b$值

| 管道种类 | | $f(Q:m^3/s,d:m)$ | $f(Q:m^3/h,d:m)$ | $m$ | $b$ |
|---|---|---|---|---|---|
| 混凝土及当地材料管 | 糙率＝0.013 | 0.001 74 | 1.312×106 | 2.00 | 5.33 |
| | 糙率＝0.014 | 0.002 01 | 1.516×106 | 2.00 | 5.33 |
| | 糙率＝0.015 | 0.002 32 | 1.749×106 | 2.00 | 5.33 |
| 旧钢管、旧铸铁管 | | 0.001 79 | 6.250×105 | 1.90 | 5.10 |
| 石棉水泥管 | | 0.001 18 | 1.445×105 | 1.85 | 4.89 |
| 硬塑料管 | | 0.000 915 | 0.948×105 | 1.77 | 4.77 |
| 铝质管及铝合金管 | | 0.000 800 | 0.861×105 | 1.74 | 4.74 |

对于地面移动软管，由于软管壁薄、质软并具有一定的弹性，输水性能与一般硬管不同。过水断面随充水压力而变化，其沿程阻力系数和沿程水头损失不仅取决于雷诺数、流量及管径，而且明显受工作压力影响，此外还与软管铺设地面的平整程度及软管的顺直状况等有关。在工程设计中，地面软管沿程水头损失通常采用塑料硬管计算公式计算后乘以 1.1～1.5 的加大系数，该加大系数根据软管布置的顺直程度及铺设地面的平整程度取值。

（2）局部水头损失。局部水头损失一般以流速水头乘以局部水头损失系数来表示。管道的总局部水头损失等于管道上各局部水头损失之和。在实际工程设计中，为简化计算，总局部水头损失通常按沿程水头损失的 10%～15%考虑。

$$h_j = \sum \frac{\xi v^2}{2g} \tag{2-5}$$

式中：$j$——局部水头损失，m；

$\xi$——局部水头损失系数，可由设计手册查出；

$v$——断面平均流速，m/s；

$g$——重力加速度，$g=9.81\ m/s^2$。

**（六）管径确定**

管道系统各管段的直径，应通过技术经济计算确定，在初估算时，可按表 2－3 选择管内流速，按式（2－6）计算。

$$D = \sqrt{\frac{4Q}{\pi v}} \tag{2-6}$$

式中：$D$——管道直径，mm

$v$——管内流速，m/s；

$Q$——计算管段的设计流量，$m^3/s$。

表 2－3 管道流速表

| 管材 | 混凝土管 | 石棉水泥网 | 水泥砂土管 | 硬塑料管 | 移动软管 |
|---|---|---|---|---|---|
| 流速，m/s | 0.5～1.0 | 0.7～1.3 | 0.4～0.8 | 1.0～1.5 | 0.5～1.2 |

### （七）水泵扬程计算与水泵选择

（1）管道系统设计工作水头，管道系统设计工作水头按式（2－7），（2－8），（2－9）计算：

$$H_O = \frac{H_{max} + H_{min}}{2} \qquad (2-7)$$

$$H_{max} = Z_2 - Z_0 + \Delta Z_2 + \sum h_{f2} + \sum h_{j2} \qquad (2-8)$$

$$H_{min} = Z_1 - Z_0 + \Delta Z_1 + \sum h_{f1} + \sum h_{j1} \qquad (2-9)$$

式中：$H_0$——管道系统设计工作水头，m；

$H_{max}$——管道系统最大工作水头，m；

$H_{min}$——管道系统最小工作水头，m；

$Z_0$——管道系统进口高程，m；

$Z_1$——参考点 1 地面高程；在平原井区，参考点 1 一般为距水源最近的出水，m；

$Z_2$——参考点 2 地面高程；在平原井区，参考点 2 一般为距水源最远的出水，m；

$\Delta Z_1$，$\Delta Z_2$——参考点 1 与参考点 2 处出水口中心线与地面的高差，m，出水口中心线高程，应为所控制的田间最高地面高程加 0.15 m；

$\sum h_{f1}$，$\sum h_{j1}$——管道系统进口至参考点 1 的管路沿程水头损失与局部水头损失，m；

$\sum h_{f2}$，$\sum h_{j2}$——管道系统进口至参考点 2 的管路沿程水头损失与局部水头损失，m。

（2）水泵扬程计算。灌溉系统设计扬程按式（2－10）计算：

$$H_p = H_0 + Z_0 - Z_d + \sum h_{f0} + \sum h_{j0} \qquad (2-10)$$

式中：$H_p$——管道系统设计扬程，m；

$Z_d$——机井动水位，m；

$\sum h_{f0}$、$\sum h_{j0}$——水泵吸水管进口至管道进口之间的管道沿程水头损失与局部水头损失，m。

根据以上计算的水泵扬程和系统设计流量选取水泵，然后根据水泵的流量一扬程曲线和管道系统的流量水头损失曲线校核水泵工作点。

为保证所选水泵在高效区运行，对于按轮灌组运行的管网系统，可根据不同轮灌组的流量和扬程进行比较，选择水泵。若控制面积大且各轮灌组流量与扬程差别很大时，可选择两台或多台水泵分别对应各轮灌组提水灌溉。

**（八）水锤压力计算与水锤防护**

有压管道中，由于管内流速突然变化而引起管道中水流压力急剧上升或下降的现象，称为水锤。在水锤发生时，管道可能因内水压力超过管材公称压力或管内出现负压而损坏管道。

在低压管道系统中，由于压力较小，管内流速不大，一般情况下水锤压力不会过高。因此，在低压管计算。但对于规按照操作规程，并配齐安全保护装置，可不进行水锤压力道输水灌溉工程，应该进行水锤压力验算。

## 三、低压管道灌溉工程规划设计示例

**（一）基本情况**

某井灌区主要以粮食生产为主，地下水丰富，多年来建成了以离心泵为主要提水设备、土渠输水的灌溉工程体系，为灌区粮食生产提供了可靠保证。由于近几年来的连续干旱，灌区地下水普遍下降，为发展节水灌溉，提高灌溉水利用系数，改离心泵为潜水泵提水，改土渠输水为低压管道输水。

井灌区内地势平坦，田、林、路布置规整，单井控制面积12.7 $hm^2$。地面以下10 m土层内为中壤土，平均容重14.8 kN/m，田间持水率为24%。

工程范围内有水源井一眼，位于灌区的中部。根据水质检验结果分析，该井水质符合《农田灌溉水质标准》，可以作为该工程的灌溉水源，水源处有380 V三相电源。据多年抽水测试，该井出水量为55 $m^3/h$，井径为220 mm，采用钢板卷管护筒，井深20 m，静水位埋深7 m，动水位埋深9 m，井口高程与地面齐平。

**（二）井灌区管灌系统的设计参数**

灌溉设计保证率：75%

管道系统水的利用率：95%

灌溉水利用系数：0.85

设计作物耗水强度：5 mm/d

设计湿润层深：0.55 m

**（三）制度及工作制度**

**1. 净灌水定额计算**

采用公式 $m = 1\ 000\gamma_s h(\beta_1 - \beta_2)$

式中：$h = 0.55\text{m}$，$\gamma_s = 14.8\text{kN/m}^3$，$\beta_1 = 0.24 \times 0.95 = 0.228$，$\beta_2 = 0.24 \times 0.65 = 0.1560$，代入得 $m = 554.4\ \text{m}^3/\text{hm}^2$。

2. 设计灌水周期

采用公式：$T = \dfrac{m}{10E_d}$

式中：$m = 554.4\ \text{m}^3/\text{hm}$，$E_d = 5\text{mm/d}$ 代入得 $T = 11.09\ \text{d}$（取 = 10 d）

3. 毛灌水定额

$$m_{毛} = \frac{m}{\eta} = \frac{554.4}{0.85} = 652.2\ \text{m}^3/\text{hm}^2$$

4. 灌水次数与灌溉定额

根据灌区内多年灌水经验，小麦灌水 4 次，玉米灌水 1 次，则全年需灌水 5 次，灌溉定额为 1 911m³/hm²。

（四）设计流量及管径确定

1. 系统设计流量

采用公式：$Q_0 = \dfrac{amA}{\eta Tt} = \dfrac{1 \times 554.4 \times 12.7}{0.85 \times 11 \times 18} = 41.8\ \text{m}^3/\text{h}$

因系统流量小于水井设计出水量，故取水泵设计出水量为 $Q = 50\ \text{m}^3/\text{h}$，灌区水源能满足设计要求。

2. 管径确定

采用公式：$D = 18.8\sqrt{\dfrac{Q}{v}} = 18.8\sqrt{\dfrac{50}{1.5}} = 108.54\ \text{mm}$（选取 $\phi110 \times 3$PE 管材）

3. 工作制度

灌水方式　考虑运行管理情况，采用各出口轮灌。

各出口灌水时间：

采用公式：$t = \dfrac{mA}{\eta Q}$

式中：$m = 554.4\ \text{m}^3/\text{hm}^2$，$A = 0.5\ \text{hm}^2$，$\eta = 0.85$，$Q = 50\ \text{m}^3/\text{h}$，则

$$t = \frac{mA}{\eta Q} = \frac{554.4 \times 0.5}{0.85 \times 50} = 6.5\ \text{h}$$

4. 支管流量

因各出水口采用轮灌工作方式，单个出水口轮流灌水，故各支管流量及管径与干管相同。

## (五)管网系统布置

### 1. 布置原则

(1)管理设施、井、路、管道统一规划,合理布局,全面配套,统一管理,尽快发挥工程效益。

(2)依据地形、地块、道路等情况布置管道系统,要求线路最短,控制面积最大,便于机耕,管理方便。

(3)管道尽可能双向分水,节省管材,沿路边及地块等高线布置。

(4)为方便浇地、节水,长畦要改短。

(5)按照村队地片,分区管理,并能独立使用的原则。

### 2. 管网布置

(1)支管与作物种植方向相垂直。

(2)干管尽量布置在生产路、排水沟渠旁成平行布置。

(3)保证畦灌长度不大于 120 m,满足灌溉水利用系数要求。

(4)出水口间距满足《低压管道输水灌溉工程技术规范》要求。

管网布置详见图 2 - 38。

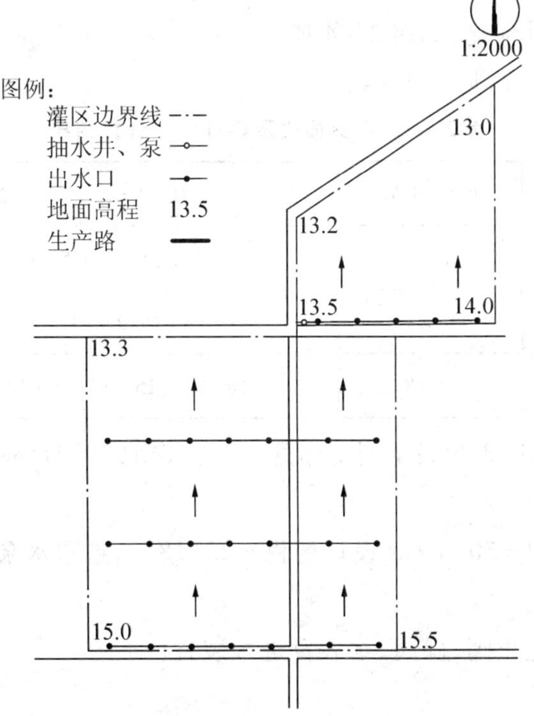


图 2 - 38　管网平面布置图

**(六)设计扬程计算**

(1)水力计算简图见图2－39。

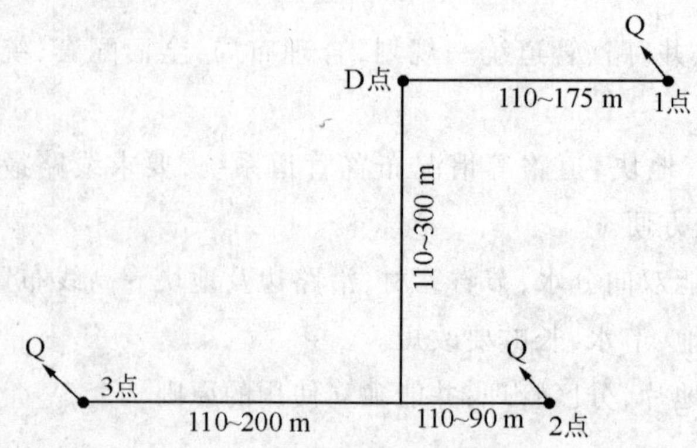


图2－39　管道水力计算简图

(2)水头损失计算:

采用公式　$h = 1.1h_f = f\dfrac{Q^m}{d^b}L$

$f = 0.948 \times 105$(聚乙烯管材的摩阻系数),$Q = 50\ m^3/h$,$m$ 取1.77,$d$ 管道内径,取塑料管材为 $\phi110 \times 3$PE管材,$d = 110 - 3 \times 2 = 104$ mm,$b$ 管径指数,取4.77。

水头损失分三种情况,如表2－4所示。

(3)设计水头计算,见表2－4:

**表2－4　水头损失及设计水头计算结果**

| | 出水点 | $h = 1.1\ h_f$ | $H = Z - Z_0 + \Delta Z + \sum h_f + \sum h_j$ |
|---|---|---|---|
| 1 | D点~1点 | 4.44 | 9 + (14 - 13.5) + 4.44 = 13.94 |
| 2 | D点~2点 | 9.89 | 9 + (15.5 - 13.5) + 9.89 = 20.89 |
| 3 | D点~3点 | 12.68 | 9 + (15 - 13.5) + 12.68 = 23.18 |

由此看出,出水点3为最不利工作处,因此,选取23.18 m作为设计杨程。

**(七)首部设计**

根据设计流量 $Q = 50\ m^3/h$,设计杨程＝23.18 m,选取水泵型号为200QK50—26/2潜水泵。

首部工程配有逆止阀、碟阀、水表及进气装置。

**(八)工程预算**

工程预算见表2－5。

**表 2－5 机压管灌典型工程投资概预算表**

| 内容 | 工程或费用名称 | 单位 | 数量 | 单价/元 | | | 合计/元 | | |
|---|---|---|---|---|---|---|---|---|---|
| | | | | 小计 | 人工费 | 材料费 | 小计 | 人工费 | 材料费 |
| 第一部分 | 建筑工程 | | | | | | 3 511.3 | 2 238.35 | 1 272.95 |
| 一 | 输水管道 | | | | | | 3 099.0 | 2 176.5 | 922.5 |
| 1 | 土方开挖 | $m^3$ | 350 | 4.78 | 4.78 | | 1 673.0 | 1 673.0 | |
| 2 | 土方回填 | $m^3$ | 350 | 0.86 | 0.86 | | 301.0 | 301.0 | |
| 3 | 出水口砌筑 | $m^2$ | 4.5 | 250.0 | 45 | 205.0 | 1 125.0 | 202.0 | 922.5 |
| 二 | 井房 | | | | | | 412.3 | 61.85 | 350.45 |
| 三 | 其他工程 | | | | | | 412.3 | 61.85 | 350.45 |
| 1 | 零星工程 | 元 | | | | | | | |
| 第二部分 | 机电设备及安装工程 | | | | | | 33 307.95 | 1 589.95 | 31 718.0 |
| 一 | 水源工程 | | | | | | 5 660.55 | 269.55 | 5 391.0 |
| 1 | 潜水泵 | 套 | 1 | 4 978.05 | 237.05 | 4 741.0 | 4 978.05 | 237.05 | 4 741.0 |
| 2 | DN80 逆止阀 | 台 | 1 | 131.25 | 6.25 | 125.0 | 131.25 | 6.25 | |
| 3 | DN80 蝶阀 | 台 | 1 | 131.25 | 6.25 | 125.0 | 131.25 | 6.25 | 125.0 |
| 4 | 启动保护装置 | 套 | | 420.0 | 20.0 | 400.0 | 420.0 | 20.0 | 400.0 |
| 二 | 输供水工程 | | | | | | 27 647.4 | 1 320.4 | 26 327.0 |
| 1 | 泵房连接管件 | 套 | 1 | 507.15 | 24.15 | 483.0 | 27 647.4 | 1 320.4 | 26 327.0 |
| 2 | 输水管 | m | 1 350 | 18.21 | 0.87 | 17.34 | 24 583.5 | 1 174.5 | 23 409.0 |
| 3 | 出水口 | 个 | 26 | 89.25 | 4.25 | 85.0 | 2320.5 | 110.5 | 2 210.0 |
| 4 | 管件 | 个 | 5 | | 2.25 | 45 | 236.25 | 11.25 | 225.0 |
| 第三部分 | 其他费用 | 元 | | | | | 2 618.77 | 272.27 | 2 346.5 |
| 1 | 管理费(2%) | 元 | 36 819.25 | | | | 736.39 | 76.57 | 659.82 |
| 2 | 勘测设计费(2.5%) | 元 | 38 476.12 | | | | 920.48 | 95.70 | 824.78 |
| 3 | 工程监理质量监督检测费(2.5%) | 元 | 38 476.12 | | | | 961.90 | 100.0 | 861.90 |
| | 第一至第三部分之和 | | | | | | 39 438.2 | | |
| 第四部分 | 预备费 | | | | | | 1 917.90 | | |
| | 基本预备费(5%) | 元 | 39 438.02 | | | | 1 917.90 | | |
| | 总投资 | | | | | | 41 409.92 | | |

## 四、低压管道灌溉工程施工与运行管理

### (一)施工与安装

#### 1. 管槽开挖

(1)测量放线。

按照规划设计图的布置，用经纬仪将管网干、支管线定出。在管线上，每一出水口设置木桩，管网转折点加设木桩。

(2)管槽开挖。

管槽断面形式依土质、管材规格、冻土层深度及施工安装方法而定。一般采用矩形断面，其宽度可由下式计算：

$$B \geqslant D + 0.5 \tag{2-11}$$

式中：$B$——管槽宽度，m；

$D$——管材外径，m。

管道的埋深，应根据设计计算确定。一般情况下，埋深不应小于70 cm。为减少土方工程量，在满足要求的前提下，管槽宽、深度应尽量取小值。为了便于施工安装和回填，开挖时弃土应堆放在基槽一侧并应距离边线0.3 m远。在开挖过程中，不允许出现超挖，应经常进行挖深控制测量。遇到软基土层时，应将其清除后换土并夯实。

当选用的管材为水泥预制管材时，为避免管道出现不均匀沉陷，需要沿槽底中轴线开挖一弧形沟槽，变线接触为面接触，以改善地基压应力状况。槽的弧度要与管身相吻合，其宽度依管外径不同而各异。基槽和沟槽均应做到底部密实平直、无起伏。另外，还应在承插口连接处垂直沟轴线方向开挖一管口槽，其长、宽和深度视管母口外径大小而定。

一个合格的管槽应沟直底平，宽、深达到设计要求，严禁沟壁出现扭曲，沟底起伏产生"驼峰"，百米高差应控制在±3.0 cm以内。

**(二)管道安装的一般要求**

管道安装前，应对管材、管件进行外观检查，不合格者不得就位。

管道安装宜按从首部向尾部，从低处向高处，先干管后支管；承插口管材，插口在上游，承口在下游，依次施工。

管道中心线应平直，不得用木垫、砖垫和其他垫块。管底与管基应紧密接触。

管道穿越铁路、公路或其他建筑物时，应加套管或修涵洞等加以保护。

安装带有法兰的阀门和管件时，法兰应保持同轴、平行，保证螺栓自由穿行入内，不得用强紧螺栓的方法消除歪斜。

管道系统上的建筑物，必须按设计要求施工，地基应坚实，必要时应进行夯实或铺设垫层。出地竖管的底部和顶部应采取加固措施。

管道安装应随时进行质量检查。分期安装或因故中断应用堵头将此敞口封闭，不得将杂物留在管内。

**(三)塑料管道安装**

节水灌溉工程常用的塑料管材是硬聚氯乙烯管(PVC—U)、聚乙烯管(PE)和聚丙烯管(PP)。塑料管道的连接方法有承插黏接、柔性承插套接及热熔焊接等。

1. 承插黏接

根据不同的管材,选择合适的黏合剂。

被黏接管端应清除污迹,并进行配合检查。

插头和承口均匀涂上黏合剂,应适时承插,并转动管端,使黏合剂填满间隙。

承插管轴线应重合,插头应插至承口底部。

管子黏接后固化前,管道不得移位。

塑料管连接后放入沟槽中,除接头外,均应覆土 20 ~ 30 cm。

2. 柔性承插套接

塑料管一头为承口,把被连接管端插入承口内,承口内设密封胶圈止水。其优点是安装迅速,止水效果好。

密封圈应装入承口密封槽内,不得有扭曲、偏斜现象。

安装困难时,可用肥皂水或滑石粉作润滑剂,也可在管端隔一块木板,轻轻敲打入。

连接后密封圈不得移位、扭曲或偏斜。

3. 热熔焊接

较大口径的聚氯乙烯管和改性聚丙烯管可用对焊法连接,主要工具是圆形电烙铁和碰焊机。热熔焊接的要求如下:

热熔对接管子的材质、直径和壁厚应相同。

焊接前应将管端锯平,并清除杂质、污物。

应按设计温度加热至充分塑化而不烧焦,加热板应清洁、平整、光滑。

加热板的抽出及合拢应迅速,两管端面应完全对齐,四周挤出树脂应均匀。

冷却时应保持清洁。自然冷却应防止尘埃侵入;水冷却应保持水质清洁;完全冷却前管道不应移动。

对接后,两管端面应熔接牢固,并按 10% 进行抽检;若两管端对接不齐应切开重新加工对接。

4. 其他连接方式

对于工作压力较低,或管径较小的管道工程,也可采用热扩承插连接。方法是将插口管端外径挫成坡口,涂上黏合剂;承口管一端(长约 15 ~ 20 cm)放入加热的甘油或植物油中(聚氯乙烯管加热油温为 140 ~ 160℃,聚丙烯加热油温为 170 ~ 180℃),加热软化后的管端迅速用锥形木楔撑口,拔出木楔,将涂上黏合剂的管子插入,可用木榔头轻轻敲打入,插入长度不得小于管外径的 1.5 倍,待冷却后即可连接完毕。

5. 阀门安装及与金属管件的连接

金属阀门与塑料管连接,直径大于 65 mm 的管道亦用金属法兰连接。法兰连接管外径大于塑料管内径 2 ~ 3 mm,长度不小于 2 倍的管径,一端加工成倒齿状,另一端牢固焊接在法兰一侧。

将塑料管端加热后及时套装在带倒齿的法兰接头上,并用管箍上紧。塑料管与金属管件的连接可采用同样的方法。

直径小于 65 mm 的可用螺纹连接,并应装活接头。

直径大于 65 mm 以上的阀门应安装在底座上,底座高度宜为 10 ~ 15 cm。

截止阀与逆止阀应按流向标志安装,不得反向。

6. 金属管道安装

金属管道安装前应进行外观质量和尺寸偏差检查,并宜进行耐水压试验,其要求符合铸铁直管及管件、低压流体输送用镀锌焊接钢管、喷灌用金属薄壁管等现行标准的规定。

镀锌钢管安装应按现行《工业管道工程施工及验收规范(金属管道)》执行。

镀锌薄壁钢管、铝管及铝合金管安装,应按安装使用说明书的要求进行。

其中,铸铁管的安装应按下列规定进行。

安装前应清除承口内部及插口外部的沥青块及飞刺、铸砂等其他杂质;用小锤轻轻敲打管子,检查有无裂缝,如有裂缝,应予更换。

铺设安装时,对口间隙、承插口环形间隙及接口转角,应符合表 2 – 6 的规定。

表 2 – 6　对口间隙、承插口环形间隙及接口转角值

| 项目 | 对口最小间隙/mm | 对口最大间隙/mm | | 承插口标准环形间隙/mm | | | | 每个允许转角/° |
|---|---|---|---|---|---|---|---|---|
| | | $D_{g100} - D_{g250}$ | $D_{g300} - D_{g350}$ | $D_{g100} - D_{g200}$ | | $D_{g250} - D_{g350}$ | | |
| 沿直线铺设 | 3 | 5 | 6 | 10 | +3<br>–2 | 11 | +4<br>–2 | — |
| 沿曲线铺设安装 | 3 | 7 ~ 13 | 10 ~ 14 | — | — | — | — | 2 |

注:为管道公称内径。

管道安装就位后,应在每节管子中部两侧填土,将管道稳固。

安装后,承插口应填塞,填料采用膨胀水泥或石棉水泥和油麻等。①采用膨胀水泥时,填塞深度为接口深度的 2/3,填塞时应分层捣实,压平并及时养护;②采用石棉水泥和油麻时,应将油麻拧成辫状填入,麻辫搭接长度应为 10 ~ 15 cm,油麻

填入深度应为接口深度的1/3～1/2,要仔细打紧,然后填石棉水泥(石棉水泥不可太干或太湿,以用手攒成团,松手后散裂为度),分层捣实、打平,并及时养护。

7. 水泥制品管道安装

(1)钢筋混凝土管。

对于承受压力较大的钢筋混凝土管可采取承插式连接,连接方式有两种,一种可用橡胶圈密封做成柔性连接;一种用石棉水泥和油麻填塞接口。后一种接口施工方法同铸铁管安装。钢筋混凝土管柔性连接应符合下列要求。

承口向上游,插口向下游。

套胶圈前,承插口应刷干净,胶圈上不得黏有杂物,套在插口上的胶圈不得扭曲、偏斜。

插口应均匀进入承口,回弹就位后,仍应保持对口间隙10～17 mm。

在沟槽土壤或地下水对胶圈有腐蚀性的地段,管道覆土前应将接口封闭。

水泥制品管配用的金属管件应进行防锈防腐处理。

(2)混凝土管。

对承受压力较小的混凝土管应按下列方法连接。

平口(包括楔口)式接头宜采用纱布包裹水泥砂浆法连接,要求砂浆饱满,纱布砂浆结合严密。严禁管道内残留砂浆。

承插式接头,承口内应抹1:1水泥砂浆,插管后再用1:3水泥砂浆抹封口。接管时应固定管身。

预制管连接后,接头部位应立即覆20～30 cm厚湿土。

**(四)管道附属装置的施工与安装**

1. 出水口的安装

井灌区的管灌工程所用出水口直径一般均小于110 mm,可直接将铸铁出水口与竖管承插,用14号铁丝把连接处捆扎牢固。在竖管周围用红砖砌成40 cm×40 cm的方墩,以保护出水口不致松动。方墩的基础,要认真夯实,防止产生不均匀沉陷。

河灌区管灌工程采用水泥预制管时,有可能使用较大的出水口。施工安装时,首先在出水竖管管口抹一层灰膏,座上下栓体并压紧,周围用混凝土浇筑使其连成一整体;然后再套一截0.2 m高的混凝土预制管作为防护,最后填土至地表即可,如图2-40所示。

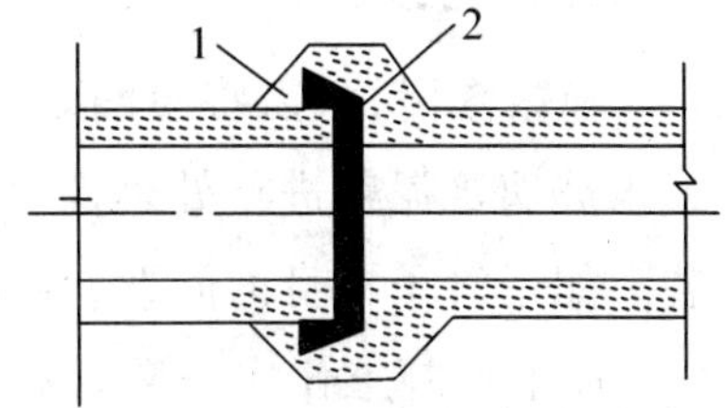


1-封口体;2-灰膏

图2-40 干管接头示意图

2. 分水闸的施工

用于砌筑分水闸的砂浆标号不低于100号,砖砌缝砂浆要饱满,抹面厚度不小于2 cm。闸门要启闭灵活,止水抗渗。

3. 管网首部的施工安装

井灌区水泵与干管间为防止机泵工作时产生振动,可采用软质胶管来连接。河灌区机泵与干管间的联接及各种控制件、安全件的安装,可参照相关图示进行。在管网首部及管道的各转弯、分叉处,均应砌筑镇墩,防止管道工作时产生位移。

(五)工程检验

1. 管道试压

全部管道安装完毕,管道系统和建筑物达到设计强度后,应对各条管路逐一进行试水。试水前应安装好压力表,检查各种仪表是否正常,并将管网各转折处填土加固,防止充水后压力增大将接头推开漏水。要将末端出水口打开,以利排除管道内的气体。然后向管道内徐徐充水,当整个管道系统全部充满水后,关闭打开的出水口,把管道压力逐渐增至设计压力水头,并保持1小时以上。沿管路逐一进行检查,重点查看接头处是否有渗漏,然后对各渗漏处做好标记,根据具体情况分别进行修补处理。

2. 塑料管渗漏的处理方法

处理前,应将管中水排除,薄壁聚氯乙烯管材如在非接头处出现裂纹、小孔等造成漏水,可采用打"补丁"的办法加以解决。所用"补丁"的材料应与管材材料相同,长、宽度应略大于裂纹或洞眼的范围,黏接工艺要求如前所述。若裂纹较长,漏水较重或接头处漏水,应将该管段拆除重新安装。双壁波纹管出现漏水,要将漏水段拆除重装。

3. 水泥预制管材渗漏的处理方法

轻微渗漏,只需将渗漏处打毛,用清水冲洗干净后,外包一层高标号水泥砂浆或水玻璃水泥浆进行处理即可。若漏水情况较为严重,则应将该管段拆除,重新安装。如系管子本身的问题,应予更换。

以上修补工作完毕数日后,还应再次充水检查,直到确认无明显漏水点后再进行回填。

(六)回填土

1. 塑料管材的回填土

因塑料管的刚度较之水泥预制管小得多,为防止管材变形过大,土料回填时应特别小心，严格控制回填方法、工序和质量，力求使管材的扁平度不超过5%，回填土的容重接近原状土，以确保和改善管材的水力学性能和力学性能。

土料要求：含水率适中，不得含有直径大于2.5 cm的砖瓦碎片、石块及干硬土块。

回填顺序：依次为管口槽、管材两侧和管顶上部。

回填方法：管口槽和管材两侧采用对称夯实法，后用水浸密实法回填，待1~2天土料干硬后，再分层回填管顶上部的土料，分层厚度宜控制在30 cm左右，层层水浸密实，填土至略高出地表。

施工要求：土料回填前应先将管道充满水并使其承受一定的内水压力；夏季施工宜在气温较低的早晨或傍晚回填，以防止填土前后管道温差过大，对连接处产生不利影响。

2. 水泥预制管的回填土

土料回填应该先从管口槽开始，边回填边捣实。分层回填到略高出地表为止。每层回填土厚度不宜大于0.3 m。视土质情况，回填土料的密实可分别采用夯实法和水浸密实法。

(七) 工程验收

工程施工结束后，应由主管部门组织设计、施工、使用单位成立工程验收小组，对工程进行全面检查验收。工程未验收移交前，应由施工单位负责管理和维护。

工程验收前应提交下列文件：规划设计报告和图纸、工程预算和决算、试水和试运行报告、施工期间检查验收记录、运行管理规程和组织、竣工报告和竣工图等。

管灌工程的验收，应包括下列内容：

审查技术文件是否齐全，技术数据是否正确、可靠。

审查管道铺设长度、管道系统布置和田间工程配套、管道系统试水及试运行情况是否达到设计要求；机泵选配是否合理、安装是否合格；建筑物是否坚固。

工程验收后应填写“工程竣工验收证书”，由验收组负责人签字，加盖设计、施工、使用单位公章，方可交付使用。

(八) 运行管理

工程建成后，效益能否充分发挥，关键在于管理。管道灌溉工程的运行管理主要包括组织管理、灌溉用水管理和建立工程技术档案等项内容。

1. 组织管理

管道灌溉工程的管理运行首先应建立管理组织。管理体制的具体形式，一般实行专业管理和群众管理相结合,统一管理和分级负责相结合的形式。组织管理可具体归纳为"分级管理、分区负责、专业承包、责任到人"的组织管理办法。可由当地水利主管部门成立领导小组,具体指导县(区)管道灌溉工程的规划设计、施工、并制订详细的维修养护及运行管理细则;行政村设"灌溉服务站",统管全村管道灌溉工作。可由村委会负责人兼任服务站站长,村水利员、农机员、农电员等为成员,其主要任务是执行上一级制订的工程维修养护及运行管理细则,协调灌区内作物种植安排及征收水费等工作。各灌区设灌水管理员,实行村灌溉服务站领导下的管理员负责制。管理员由村民组推选出责任心强、有文化、懂技术的农民担任。管理员同时也是一名机手,其具体任务是:

1)管理和使用管道系统及配套建筑物,保证完好能用。

2)按编制好的用水计划及时开机,保证作物适时灌溉。

3)按操作规程开机放水,保证安全运行。

4)按时记录开、停机时间,水泵出水量变化,能耗及浇地亩数等。

5)管理体制有多种形式,但无论哪种形式都应做到层层责、权、利明确,报酬同管理质量、效益挂钩,逐级签订合同。

2. *灌溉用水管理*

灌溉用水管理的主要任务,是通过对管道灌溉系统中各种工程设施的控制、调度、运用,合理分配与使用水源的水量,并在田间推行科学的灌溉制度和灌水方法,以达到充分发挥工程作用,合理利用水资源,促进农业高产稳产和获得较高的经济效益的目的。

(1)合理灌溉、计划用水。

灌区管理部门应根据灌区所在地区的试验资料和当地丰产灌溉的经验,制订各种作物的灌溉制度。然后,结合水源可供给的水量、作物种植面积、气象条件、工程条件等,制订灌水次数、灌水定额、每次灌水所需的时间及灌水周期、灌水秩序、计划安排等。同时,在每次灌水之前还要根据当时作物生长及土壤墒情的实际情况,对计划加以修正。

(2)灌水计划实施措施。

建立健全用水管理组织和制度。为了加强管理。必须建立健全用水管理组织和制度,实行"统一管理,统一浇地""计划供水,按方收费"的办法。管好工程,用好水。

平整土地、调整作物布局。农村实行农业生产承包责任后,地块零散。为保证灌水计划的有效实施,应对灌区内的承包耕地进行合理调整,并尽可能连片种植同一作物。

推广田间节水技术。管灌工程的田间灌水技术应克服传统大水漫灌的落后灌水方法，推广节水灌水技术，实行小定额灌溉。

定额征收水费。管灌工程可实行“以亩定额配水，以水量收费，超额加价收费”的用水制度。这样可促使群众自觉平整土地，搞好田间工程配套，采用灌溉新技术，节约用水。

合理的配水顺序。在配水顺序上，应做到先浇远田，后浇近田；先灌成片，后灌零星田；先急用，后缓用等用水原则。

管理人员培训。为了用好、管好管灌工程，提高管理水平，应加强管理人员的技术培训和职业道德教育。

3. 建立工程技术档案

为了评价工程运行状况，提高管理水平和进行经济核算，应建立工程技术档案和运行记录制度，及时填写机泵运行和田间灌水记录表。每次灌水结束后，应观测土壤含水率、灌水均匀度、湿润层深度等指标。根据记录进行有关技术指标的统计分析，以便积累灌水经验，修改用水计划。

**（九）工程管理**

工程管理的基本任务是保证水源、机泵、输水管道及建筑物的正常运行，延长工程设备的使用年限，发挥最大的灌溉效益。

1. 水泵的运行与维修

在开机前应对机泵进行一次全面、细致的检查，检查各固定部分是否牢固、转动部分是否灵活；开机后应观察出水量、轴承温度、机泵运转声音及各种仪表是否正常，如不正常或出现了故障，应立即检修；停机后，要打开泵壳下面的放水塞，把水放净，防止水泵冻坏或锈蚀。

2. 管道的运行与维修

（1）固定管道的运行与维修。

安全操作程序。在管道充水和停机时，由于水锤作用，管道压力会急剧上升或下降，易发生管裂。因此，应严格按照管道安全运行程序操作。具体应注意以下几点：

开机时，严禁先开机后打开出水口。应首先打开计划放水的出水口，必要时还应打开管道上的其他出水口排气，然后开机缓慢充水。当管道充满水后，应缓慢关闭作为排气用的其他出水口。

当同时开启的一组出水口灌水结束，需开启下一组出水口时，应先打开后一组出水口，再缓慢关闭前一组出水口。

管道停止运行时，应先停机，后关出水口。

管道维修。埋设田间的管道，由于施工质量的缺陷、不均匀沉陷、农用机械碾压等原因，可能使管道损坏漏水，发现漏水应立即进行修补。

(2)移动塑料软管的使用与维修。

使用注意事项。田间使用的软管，由于管壁薄，经常移动，使用时应注意以下事项：

使用前，要认真检查管子的质量，并铺平整好管路线，以防尖状物扎破软管。

使用时，管子要铺放平整，严禁拖拉，以防破裂。

软管输水过沟时，应架托保护，跨路应挖沟或填土保护，转弯要缓慢，切忌拐直角弯。

用后清洗干净，卷好存放。

(3)软管的维修与保管。

软管使用中发现损坏，应及时修补。若出现漏水，可用塑料薄膜补贴，也可用专用黏合剂修补。软管应存放在空气干燥，温度适中的地方；软管应平放，防止重压和磨坏软管折边；不要将软管与化肥、农药等放在一起，以防软管黏结。

## ☆思考题☆

1. 什么是灌溉管道系统？
2. 管道输水灌溉的特点有哪些？
3. 国内外灌溉管道系统的发展状况如何？
4. 阐述低压输水灌溉系统的组成。
5. 阐述灌溉管道系统的分类。
6. 阐述管道灌溉系统规划原则和内容有哪些。
7. 阐述管网系统布置的原则。
8. 阐述管网系统布置的典型形式。
9. 阐述低压输水灌溉系统灌溉制度和灌溉工作制度。
10. 阐述水锤及水锤防护。

## 教学反馈

渠道渗漏水量占渠系损失水量的绝大部分，一般占渠首引水量的30% ~50%，有的灌区高达60% ~70%，损失水量惊人。因此，在加强渠系配套和维修养护，实行科学的水量调配，提高灌区管理水平的同时，对渠道进行衬砌防渗，减少渗漏水量，提高渠系水利用系数，是节约水量、实现节水灌溉的重要措施。渠道衬砌防渗按其所用材料的不同，一般分为土料防渗、砌石防渗、混凝土防渗、沥青材料防渗及膜料防渗等类型。

其中，混凝土衬砌防渗是目前广泛采取的一种渠道防渗措施，它的优点是防渗效果好、耐久性好、强度高、输水阻力小、管理方便。混凝土衬砌防渗采用板形、槽形等结构形式。混凝土衬砌方法有现场浇筑或预制装配两种。混凝土衬砌层的厚度与施工方法、气候、混凝土标号等因素有关。U 形槽由于具有水力条件好、省工省料、占地少、整体性好、便于管理、防渗效果好等优点，目前在我国广泛应用。U 形渠道一般适用于流量为 10 $m^3/s$ 以下的各级渠道及微冻胀地区；在冻胀和严重冻胀地区，采用防冻胀措施后仍然适用。选择混凝土配合比时，应根据工程环境条件，分别满足强度、抗渗、抗冻、抗裂、抗冲耐磨、抗风化、抗侵蚀等设计要求，以及施工和易性的要求，并采取措施合理降低水泥用量。刚性材料渠道防渗结构应设置伸缩缝。

灌溉管道系统由水源与取水工程、输配水管网系统和田间灌水系统组成。按输配水方式可分为水泵提水输水和自压输水系统；按管网形式可分为树状网和环状网两种类型；按固定方式可分为固定式、移动式和半固定式三类。

灌溉管道系统的工程规划是对整个工程进行总体安排，是进行工程设计的前提。规划应在收集水源、气象、地形、土壤、作物、灌溉试验、能源、材料、设备、社会经济状况与发展规划等方面的基本资料基础上，通过技术经济比较，确定灌溉管道工程的总体规划设计方案。规划设计步骤包括：规划设计资料收集、系统选型、技术参数的确定、管网系统布置、灌溉制度的拟定、管道水利计算、水锤压力计算与水锤防护、水泵及动力选择、管道及泵站结构设计等。

灌溉管道工程施工中应严格管理，设专职或兼职的质检人员监督每道工序的施工，工程规模较大时应采用施工监理制，以确保工程质量。

工程验收是对工程设计、施工的全面审查，不论工程大小都应进行。工程验收由业主和水利主管部门按拟定组织设计单位、施工单位和监理单位等参加的验收小组来进行。验收分为施工期验收和竣工验收两步进行。

灌溉管道工程建成以后，必须认真做好运行管理与维护工作，保证工程设施经常处于良好的状态，以最低的成本获得最好的经济效益。工程管理包括用水管理、工程管理和组织管理等。

实施工程管理工作，应建立健全相应的管理组织，配备专管人员，制定完善的管理制度，实行管理责任制，调动管理人员的积极性，把管理工作落到实处。

# 学习情境三

# *喷灌*

电动平移式喷灌机

## 学习情境

喷灌是利用水泵加压或自然水头将水通过压力管道输送到田间，经喷头喷射到空中，形成细小的水滴，均匀喷洒在农田上，为作物正常生长提供必要水分条件的一种先进灌水技术。与传统的地面灌水方法相比，喷灌具有节约用水、增加产量、适应性强、少占耕地、节省劳动力等优点。

本情境通过对喷灌系统的认知与实践，一方面使学生了解到喷灌工程对于大田栽培、设施农业发挥节水效益非常显著，其次，使学生具备分析任务、完成任务的能力，具备较强社会人际交往与团队协作能力，并掌握大纲要求的知识目标与能力目标。

## 知识目标

1. 能够阐述喷灌工程特点及适用条件；
2. 能够阐述不同喷灌系统类型、组成及主要设备；
3. 能进行喷灌工技术要素的计算；
4. 能够进行喷灌工程规划设计，并掌握喷灌工程设计说明书编制；
5. 能进行喷灌工程施工、运行、管理及维护。

## 能力目标

1. 能够根据任务描述，依据资讯、计划、决策、实施、检查及评价等环节要求完成喷灌情境学习；
2. 通过市场岗位调研、生产实践经验及社会经营需求等方面，能够对喷灌工程进行设计和实践；
3. 能够利用信息检索解决学习过程中遇到的问题，具备分析、解决问题的能力；
4. 能够利用丰富多彩的形式开展任务，建立较强的社会人际交往能力、有效沟通能力及团队协作能力；
5. 通过喷灌工程系统设计，科学发展缜密思维，以及严谨勤奋、实事求是的思想行动。

# 任务一　喷灌认知

## ☆任务描述☆

根据农业中常见喷灌系统，能够进行喷灌系统特点阐述、对常见喷灌设备进行选型和参数确定，通过喷灌系统常见设备选型及参数确定等任务，认识喷灌系统在大田、温室中的应用，并能够利用网络资料和生产实践接触最新型喷灌机械。

**【资讯】**教师以市场岗位调研、生产实践经验、经济社会需求等方面引入教学任务内容，进行知识点讲解与技能训练分解，并下达工作任务。

**【计划与决策】**学生在熟悉喷溉相关知识点的基础上，查阅资料收集信息，进行工作任务构思，师生针对工作任务的有关问题及解决方法进行答疑、交流，明确思路。

**【实施】**学生在教师辅导下，按照计划分布实施，进行知识点理解和技能训练。

**【检查与评价】**为确保工作任务保质保量完成，在任务的实施过程中进行学生自查、学生互查、教师检查。

## ☆资料☆

喷灌是利用压力管道输水，经喷头将水喷射到空中，形成细小的水滴，像降雨一样均匀地洒落在地面，湿润土壤并满足作物需水要求的一种灌溉方式。

与传统的地面灌水方法相比，喷灌具有明显的优点：节约用水、增加农作物产量、提高农作物品质、省工省地、适应性强，而且有利于实现灌水机械化和自动化，还可结合喷灌进行喷肥、喷药、防干热风、防霜冻等。

喷灌也有一些缺点，如初期投资大、能源消耗大、运行维修费较高。此外，喷灌受风影响大，风速大于3级时不宜采用。但随着生产发展和国民经济建设的需要，以及喷灌技术和设备的改进与提高，喷灌将会得到稳定的发展。

### 一、喷灌系统组成

#### （一）喷灌系统的组成

喷灌系统是由水源取水并输送、分配到田间进行喷洒灌溉的水利工程设施，按其设备组成可分为管道式和机组式两大类。一个完整的管道式喷灌系统一般应包括水源、机泵、压力管道和田间喷灌设备。

1. 水源:喷灌水源要符合灌溉水质要求,除高含沙水及一些劣质水质外,河流、渠道、库塘和井泉等都可作为喷灌水源。

2. 机泵:喷灌系统常采用离心泵、潜水泵、深井泵等作为提水加压工具,其配备的动力可由电动机、柴油机、汽油机等提供,其配套功率根据水泵要求确定。

3. 压力管道:喷灌使用有压水,一般采用压力管道进行输配水。喷灌管道一般分为干管、支管两级,干管起输配水作用,支管是工作管道。

4. 田间喷灌设备:包括喷头、竖管、支架等。喷头是喷灌专用设备,竖管是连接支管和喷头的专用管道,其高度要满足作物生长需要,支架主要用于支撑竖管、减少竖管及喷头的震动。

### (二)喷灌系统的分类

按照管道可移动程度,喷灌系统分为固定式、半固定式和移动式。

固定式喷灌,其干支管全部固定不动,其田间喷灌设备固定或移动。这种方式运行管理方便,工作效率高,易于保证喷灌质量,但系统所需管材量大、投资高,目前多用于经济作物灌溉及所需灌溉次数频繁、劳动力价值高的地区。对地形复杂的丘陵地区,管道移动不便,故多采用固定式喷灌。

半固定式喷灌,干管固定,支管及喷头移动的系统称为半固定式。当支管在一个位置喷洒完毕,就移动到下一个灌水位置。因此整个系统可以减少支管及喷头数量,设备费用减少,但相应增加了劳动强度及运行管理的难度。

移动式喷灌,移动式喷灌系统分为移动管道式喷灌系统和喷灌机组。移动管道式喷灌系统除水源、机泵外,其余的各级管道和喷头等均能移动,这样一套管道及喷洒设备可在不同地块上轮流使用,从而提高了管道及喷洒设备的利用率,降低了系统投资,但拆装管道及设备的劳动强度大、工作条件差。机组式喷灌系统以喷灌机为主要设备构成。喷灌机组具有集成度高、配套完整、机动性好、设备利用率高和生产效率高等优点,在农业机械化程度高的地区适宜采用。

## 二、喷灌技术参数

喷灌技术参数主要有喷灌强度、喷灌均匀度和水滴打击强度几项指标,是衡量喷灌灌水质量的指标和设计喷灌系统的重要依据。

### (一)喷灌强度

喷灌强度是指单位时间内喷洒在单位面积上的水量,也就是单位时间内喷洒在灌溉面积上的水深,单位一般用 mm/h 或 mm/min 表示。

对于喷洒水量分布不均匀性,一般用点喷灌强度 $\rho_i$、平均喷灌强度 $\bar{\rho}$ 和设计喷

灌强度 $\rho_s$ 三种概念来表示。点喷灌强度 $\rho_i$ 指单位时间内喷洒在某一点的水深。平均喷灌强度 $\bar{\rho}$ 指喷洒范围内各点喷灌强度的平均值。设计喷灌强度 $\rho_s$ 是指在设计情况下可能出现的最大喷灌强度，一般采用设计喷灌强度评价喷头的水力性能，可按下式进行计算。

$$\rho_s = \frac{1\ 000q\eta}{A} = \frac{1\ 000q\eta}{\pi R^2}$$

式中：$\rho_s$ 为单喷头全圆喷洒时的设计喷灌强度（mm/h）；$q$ 为喷头流量（$m^3$/h）；$q$ 为喷洒水的有效利用系数，取决于水滴在空气中的蒸发和飘移损失，一般为 0.8～0.95；$A$ 为全圆转动时一个喷头的湿润面积（$m^2$），为准确起见，可用有效湿润面积 $Ae$ 代替上式中的 $A$ 值。；$R$ 为喷头射程（m）。

**（二）喷灌均匀度**

喷灌均匀度是指喷灌面积上水量分布的均匀程度，它是衡量喷灌质量的重要指标之一，直接影响到喷灌农作物的增产幅度。在喷灌系统中，喷灌均匀度是指喷头组合的均匀度，与喷头结构、工作压力、组合间距、风向、风速等因素有关。常用均匀系数和水量分布图来表示。下面仅对均匀系数进行介绍。

计算均匀系数的公式有很多，我国的国家标准《喷灌工程技术规范》中规定采用克里斯琴森（Christiansen）系数。

$$C_u = 1 - \frac{\Delta h}{h}$$

式中：$C_u$ 为均匀系数，%；$\bar{h}$ 为喷洒面积上各测点平均喷洒水深，mm；$\Delta h$ 为喷洒水深平均偏差，mm。

**（三）水滴打击强度**

水滴打击强度是指在单位时间内、单位受水面积所获得的水滴撞击能量。它与水滴大小、降落速度和密集程度有关。实践中一般用水滴直径或雾化指标来间接反映水滴打击强度。

水滴直径是指落在地面或作物叶面上的水滴的直径（mm）。若水滴直径大，则容易破坏土壤表层的团粒结构，并造成板结，甚至会打伤幼苗；水滴直径小，则耗能多，射程降低，在空中受风影响大，容易蒸发或飘移。因此要根据灌溉作物、土壤性质确定水滴直径的适宜值。

雾化指标 $\rho_d$ 是用喷头工作压力和主喷嘴直径的比值来表示的，计算公式：

$$\rho_d = \frac{1\ 000H}{d}$$

式中：$H$ 为喷头工作压力，m；$d$ 为喷嘴直径，mm。

$\rho_d$ 值越大，表示雾化程度越高，水滴直径越小，打击强度也越小。对于主喷嘴为圆形且不带碎水装置的喷头，设计雾化指标应符合表 3－1。

**表 3－1 不同作物的适宜雾化指标**

| 作物种类 | $\rho_d$ |
| --- | --- |
| 蔬菜及花卉 | 4 000～5 000 |
| 粮食作物、经济作物及果树 | 3 000～4 000 |
| 牧草、饲料作物、草坪及绿化林木 | 2 000～3 000 |

## 三、喷灌管网

骨干管道的布置形式有树枝状、环状和鱼骨状布置三种。树枝状布置线路总长度短，水力计算简单，适于土地分散、地形起伏地区；环状布置多用于给水工程，鱼骨状布置适用于山丘区脊梁地形。田间管网布置形式主要有丰字形布置和梳齿型布置两种。田间管网布置应综合考虑地形地块、作物种植、风向风速、水源位置等因素。

喷头的喷洒方式有全圆喷洒、扇形喷洒两种。喷头的组合形式一般用 4 个相邻喷头在平面位置上的组合图形表示，其基本布置形式有 6 种，分别为圆形喷洒正方形组合、圆形喷洒矩形组合、扇形喷洒矩形组合、圆形喷洒正三角形组合、圆形喷洒等腰三角形组合、扇形喷洒等腰三角形组合。

## 四、喷灌工作制度

喷灌工作制度包括喷头在工作点上的喷洒时间、喷头日喷洒工作点数、每次同时喷洒的喷头数及轮灌方案。

喷头在工作点上的喷洒时间与设计灌水定额、喷头流量和喷头组合间距有关，可按下列公式求得

$$t = abm/1\ 000q$$

式中：$t$ 为喷头在喷洒点上的工作时间，h；$a$、$b$ 分别为喷头及支管间距，m；$m$ 为设计灌水定额，mm；$q$ 为喷头流量，$m^3/s$。

每日可喷洒的工作点数 $n$ 可由每日喷洒的作业时间确定，即

$$n = t_r / (t + t_g)$$

式中：$t_r$ 为每日喷洒作业时间，对于固定式管道喷灌系统不宜小于 12 小时，半固定式管道喷灌系统不宜小于 10 小时，移动管道式和喷灌机组式喷灌系统不宜小于 8 小时，行喷式喷灌系统不宜小于 6 小时；$t_g$ 为喷灌设备拆装及移动时间，有备用支管时取 0。

每次同时工作的喷头数 $n_p$ 为

$$n_p = N / (n \cdot T)$$

式中:$N$ 为灌区内喷点总数;$T$ 为设计周期。

轮灌方案根据每次喷洒的喷头数来确定,其确定原则:第一,轮灌编组要有一定的规律,以方便运行管理,同时应使各轮灌组工作的喷头总数尽量一致,以保证系统流量比较平稳;第二,轮灌编组应有利于提高管道设备的利用率,制定轮灌顺序时,尽量把流量分散到各配水管道,避免流量集中。

## ☆思考题☆

1. 喷灌在国内外的发展如何?
2. 阐述喷灌的特点。
3. 常用的喷灌技术参数有哪些?
4. 喷灌系统如何分类?
5. 喷灌系统如何组成?
6. 阐述喷灌常见技术参数。
7. 喷灌附属建筑物及其附属设备有哪些?

# 任务二　喷灌工程规划设计

## ☆任务描述☆

通过本任务,使学生能阐述喷灌工程特点及规划设计内容;喷灌工程技术要素;计算各种水力参数,确定喷灌系统布置形式;通过本任务学习能使学生掌握喷灌工程规划设计说明书的编制。

**【资讯】**教师以市场岗位调研、生产实践经验、经济社会需求等方面引入教学任务内容,进行知识点讲解与技能训练分解,并下达工作任务。

**【计划与决策】**学生在熟悉工程规划设计相关知识点的基础上,查阅资料收集信息,进行工作任务构思,师生针对工作任务的有关问题及解决方法进行答疑、交流,明确思路。

**【实施】**学生在教师辅导下,按照计划分布实施,进行知识点理解和技能训练。

**【检查与评价】**为确保工作任务保质保量完成,在任务的实施过程中进行学生自查、学生互查、教师检查。

## ☆资料☆

### 一、喷灌规划设计原则和内容

喷灌系统规划是在综合分析设计资料的基础上,通过技术经济比较确定的喷灌系统总体设计方案。喷灌系统规划应遵循以下原则:①以地区性农业区划和水利规划为基础;②贯彻有灌有排的原则,密切与排水、道路、林带、供电等系统,以及居民点的规划相结合,并注意充分利用原有的水利及其他工程设施;③注意经济效益,在保证喷洒质量、运行安全可靠和管理方便的前提下,尽量降低投资和运行费用;④注意节省能源,在有自然水头可利用的地方尽量发展自压或部分自压喷灌;⑤尽可能考虑喷灌设备的综合利用,使其发挥更大的效益。

喷灌系统规划大致包括以下内容:①喷灌可行性分析,根据灌区自然与社会经济条件,从技术和经济两个方面论证发展喷灌的必要性和可能性。把水源可靠,能源有保证,材料、资金落实,有质量较好的设备和能获得明显的经济效益,作为发展喷灌必须具备的基本条件。②水源工程规划:包括选择取水方式与取水位置,选择蓄水工程的类型、数量、位置,以及确定蓄水工程容积等内容。规划时应综合考虑水源类型、地块分布、地形、地质,以及施工、管理等因素,做到规划合理、经济、安全。确定蓄水工程容积的原则,是在按设计标准满足喷灌用水要求的前提下,尽量节省工程量,故应通过来水和用水的水量平衡计算确定。③喷灌系统选型:根据灌区具体情况和设备供应条件选择几种类型,从技术和经济上加以分析比较,择优选定。④压力规划:喷灌系统中压力水头的分布直接影响到喷灌质量和能量的消耗,应综合考虑水源水位、灌区地形、输水距离、地块分布以及可供选择的设备规格等因素,对全灌区进行压力规划,必要时做出压力分区。⑤喷灌系统规划布置:在地形图上绘出喷灌系统规划布置图。图中应标明水源及水源工程,泵站及输电线路、压力分区,管(渠)道的级数及布置。在进行管系布置时,应综合考虑以下因素,并进行方案比较:力求使管线最短,并减少能量损失;在地面坡度较大的山丘地区,干管应沿主坡度方向布置,支管(末级管)则布置成与等高线平行,在地形起伏不平而支管又不能布置成水平时,应尽量使干管走在高处,支管则由高处向低处布置;支管方向应与作物种植和耕作方向相一致,以便利于操作移动,减少固定竖管对机耕的影响;有条件时宜将支管布置成垂直于主风向,以便增大支管间距,减少支管用量;充分考虑地块形状,力求使更多的支管长度一致,规格统一;管系布置应便于施工和运行管理。⑥投资概算和经济效益估算。

## 二、机组式喷灌系统

### (一)喷灌机的选用

喷灌机是将动力机、泵、管路、喷头、移动装置等设施,按喷灌方式组合配套成具有整体性的一种喷灌设备。其工作原理是将压力水喷射到低空,经雾化后像雨滴一样均匀地降落到作物和地表面。常用的喷灌机有小型喷灌机、大型喷灌机、平移式喷灌机、移动式喷灌机、卷盘式喷灌机、指针式喷灌机、中心支轴喷灌机、圆型喷灌机、双悬臂式喷灌机等多种类型。喷灌的用途很多,主要用于农作物、林业苗圃、牧业草场、蔬菜果树、经济作物、园林草皮和花卉等。此外,还用于环境控制(如防尘、防风、防干热风、防霜冻降温等)、污水处理、鱼塘增氧,以及综合喷施液肥、除草剂、化学剂、农药、杀虫剂等。喷灌的适应性很强,几乎对于任何作物、土质、地形、地区、气候条件都适用。

喷灌技术有节约用水、节省工时、提高土地利用率,有利于作物增产、适应性强的特点。

在购买喷灌机时应注意:

喷灌机必须满足标准要求:选购喷灌机时,应首先查看其产品是否符合国家标准、行业标准或地方标准。没有国家标准、行业标准或地方标准的喷灌机,应具有省级以上技术监督部门备案的企业标准。

喷头和管道压力必须符合使用要求:应根据喷灌使用要求科学合理选用喷头和管道,喷灌作业的质量不仅取决于喷头的性能,更重要的是取决于决定喷头组合工作压力的管道及支管压力,确定合理的喷头和管道及支管入口压力是喷灌区设计的基础。

配套管材和管件必须选用合格产品:选用的配套管材和管件应满足相应的技术指标,并具有省级以上检测机构出具的全项检测报告。

### (二)喷灌机在使用过程中应注意事项

(1)使用前的准备:①采用三角皮带传动时,动力机主轴和水泵必须平行,皮带轮要对齐,其中心距不得小于两皮带轮直径之和的2倍。当水泵与动力机相连时,应配共同底盘,可采用爪型弹性连轴器,要注意动力机主轴和水泵轴的同心度。②水泵安装高度(以吸水池水面为基准)应低于允许吸上真空高度1~2米。作业位置的土质应坚实,以防止崩塌或陷入地面。③进水管路安装要特别注意防止漏气。滤网应完全淹没在水中,其深度在0.3米左右,并与池底、池壁保持一定距离,防止吸入泥沙等杂质和空气。④铺设出水管道时,软管应避免与石子、树皮等物体摩擦,避免车轮碾压和行人践踏,切勿与运行机件接触。软管应卷成盘状搬动,切勿着地。硬管应拆成单节搬运,禁止多节联移,以防磨损和损坏管子及接头。管道应避免暴晒和雨淋,以防塑料管变形或老化。⑤将喷架支撑在地面,喷架接头端面应尽量安置水平,然后固定喷架。把喷头安装在喷架上,检查喷头转动是否灵活,拉开摇臂看其松紧度是否合适,在转动部位加注适量机油。然后将快速接头擦抹干净连接好。⑥启动前,检查泵轴旋转方向是否正确,转动速度是否均匀,不能有卡住、异声等不正常现象。⑦离心泵启动前,应向泵内加满水,待充满进水管道及泵体后,方可启动。

(2)使用时注意事项:①水泵启动后,3 分钟未出水,应停机检查。②水泵运行中若出现不正常现象(杂音、振动、水量下降等),应立即停机,要注意轴承温升,其温度不可超过 75°C。③观察喷头工作是否正常,有无转动不均匀,过快或过慢,甚至不转动的现象。观察转向是否灵活,有无异常现象。④应尽量避免使用泥沙含量过高的水源进行喷灌,否则容易磨损水泵叶轮和喷头的喷嘴。调整喷头转速时,可用拧紧或放松摇臂弹簧来实现。摇臂是悬支在摇臂轴上的,可转动调位螺钉调整摇臂头部的入水深度来控制喷头转速。调整反转的位置可以改变转速。⑤喷头转速调整好的标志是在不产生地表径流的前提下,尽量采用慢的转动速度,一般小喷头为 1 ~ 2 分钟转 1 圈,中喷头 3 ~ 4 分钟转 1 圈,大喷头 5 ~ 7 分钟转 1 圈。

(3)机组的保养。①对机组松动部位应及时紧固。②对各润滑部位要按时润滑,确保润滑良好和运转正常。③机组的动力机、水泵的保养,应按有关使用说明书进行。④机组长时间停止使用时,必须将泵体内的存水放掉,拆检水泵、喷头,擦净水渍,涂油装配,将进出口机件包好,停放在干燥的地方保存。管道应洗净晒干(软管卷成盘状),放置在阴凉干燥处。切勿将上述机件存放在有酸碱和高温的地方。⑤机架上的螺纹(或快速接头)和易锈部位应涂油妥善存放。

## 三、管道式喷灌系统规划设计

管道式喷灌系统规划设计以《喷灌工程设计规范 GBT50085—2007》、《喷灌工程设计手册》为标准,本书辅以案例进行讨论。

## 四、城郊菜田喷灌系统规划设计

### (一)基本资料

设计地点是北方某城市郊区蔬菜生产基地的一部分。蔬菜为灌水频繁、管理精细的作物,在常规灌溉情况下,灌溉施肥平整土地需要耗费大量劳动力,且生产效率低。故拟兴建操作方便,运转灵活,生产率高,并可兼顾喷化肥的固定式喷灌系统。

1. 地形

冲积平原,地势平坦,条田东部有灌溉渠道通过,水量、水质可满足灌溉要求。规划的标准田块,呈正方形,中间为宽的十字形道路,将田块划分成四小块,每小块近375亩。条田东部排水沟道,可用作排水出路。

2. 气象

该地区雨量稀少,年均分布不均,除多雨低温的春季外,蔬菜一般都要灌水。每年7~9月炎热少雨,为蔬菜需水高峰期。该地区常有风速为1~3 m/s的风,风向多变。

3. 土壤

属中壤土,肥力中等,稳定入渗强度10 mm/h。

4. 水源

已建有灌溉渠道,水源充足,水网水位距地面1.5 m;涝时可排入排水沟道。

5. 灌溉试验资料

田间持水率为32%(占土体,下同),凋萎系数为14%,蔬菜田允许消耗的水量占土壤有效持水量的25%~30%,在需水高峰期,蔬菜的需水强度为7 mm/h。

6. 作物对喷灌的要求

喷灌区种植产值高的蔬菜,对喷灌的要求是灌水均匀,水滴雾化良好。

7. 现有设备供应情况

本地区电源有保障,市内有PY1(金属)及PYS(塑料)系列的摇臂式喷头、输水管道(钢管、石棉水泥管、硬塑及铝合金管)和农田水泵供应。

(二)喷头及支管组合形式

1. 灌水定额和灌水周期

设计灌水定额是正确喷灌系统设计流量的依据,直接影响着喷灌工程的投资。灌水定额是指一次灌水的水层深度或一次灌水单位面积水量,目前生产实践中,大田作物的灌水周期一般取7~10天,蔬菜的灌水周期一般取1~3天。所以设计灌水定额:

$$m = \frac{10h(\beta_1 - \beta_2)}{\eta}$$

式中:$h$——计划湿润层深度(cm);

$\beta_1$——适宜土壤含水量上限的体积分数(一般为田间持水量的85%~100%);

$\beta_2$——适宜土壤含水量下限的体积分数(一般为田间持水量的60% ~80%);

$\eta$——喷洒水的有效利用系数。(见表3－1)

**表3－1　水的有效利用系数**

| 风速 | 喷洒水的利用系数 |
|---|---|
| 风速低于3.4 m/s | 0.8～0.9 |
| 风速3.4～5.4 m/s | 0.7～0.8 |

已知:蔬菜需水临界期计划湿润层深度为20～30 cm;

灌区风速1～3 m/s,因此取$\eta=0.80$;

灌区土壤田间持水率为32%(占土体百分比);

$\beta_1$取32%;$\beta_2$取32%×65%=20.8%;$h$取20 cm;

$$m=\frac{10\times20\times(32\%-20.8\%)}{0.80}=28\ \text{mm}$$

**2.设计灌水周期**

灌水周期是指在连续无雨条件下,某种作物需水临界期的允许最大灌水间隔时间。灌水周期一般采用下式计算:

$$T_{设}=\frac{m\eta}{e}$$

$T_{设}$——设计灌水周期,d;

$e$——作物日耗水量,mm/d;

已知:日耗水量$e$为7 mm/d,$m$为28mm,$\eta=0.80$

所以:$T_{设}=\frac{m\eta}{e}=\frac{28}{7}\times0.80=3.2\ \text{d}$,取$T_{设}=3\ \text{d}$

**3.选择喷头**

(1)喷头选择和组合间距

喷头的选择包括喷头型号,喷嘴直径和工作压力的选择。在选定喷头之后,喷头的流量,射程等性能参数也就随之确定。按照国家标准GB85—85《喷灌工程技术规范》规定,将选择喷头和确定间距的具体原则归纳为下列4点:

1)喷头必须是质量合格的正规产品,性能参数(工作压力,力量,射程等)符合设计要求。本设计选用质量合格、正规厂家生产、性能参数符合设计要求的优质喷头。

2)组合喷灌强度不超过土壤的允许喷灌强度值。在本设计中喷头的组合喷灌强度均要求小于灌区土壤允许喷灌强度。

3)喷灌系统的喷洒均匀系数$C_u$值一般不应低于70% ~80%,本设计取$C_u=75\%$,在满足规范规定的均匀度的条件下,确定喷头和支管的间距。

4)蔬菜雾化指标取值范围在4 000 ~ 5 000,在选择喷头时作为依据,选择满足作物要求雾化指标的喷头。

(2)喷头的选择

选择喷头的方法很多,本设计采用先选择喷头的形式再确定喷头和支管组合间距,然后演算是否满足喷灌的质量要求的方式。选择喷头参数时,首先满足作物对雾化程度的要求;其次是喷头的流量和射程,同时开启的喷头数乘以单喷头流量应与系统流量符合。喷头与喷洒时设计的幅宽吻合。选择喷头时还应注意单喷头的喷灌强度值,选取时应考虑以下因素:

1)土壤质地对允许喷灌强度的数值有很大的影响,项目区土壤为中壤土,其喷灌强度还应小于土壤的入渗强度10 mm/h,故取$\rho = 8$ mm/h。

2)风对喷灌影响很大,风速大时喷洒的湿润面积急剧减小,使组合喷灌强度增大。对于风速较大的地区,应选择单喷头喷灌强度较小的喷头。

3)喷灌系统的运行方式也影响喷灌强度,灌区运行方式为多支管,多喷头同时喷洒,为了保证灌区的喷灌质量,要求单喷头喷灌强度最小。

由于本灌区多年平均风速为1 ~ 3 m/s,相对较大,运行方式为多支,多喷头同时喷洒,因此选单喷头喷灌强度较小喷头。本灌区喷头的喷洒方式有全圆喷洒和扇形喷洒。根据作物对雾化指标的要求,由《喷灌工程设计手册》查得常用金属摇臂式喷头性能参数见表3-2:

**表3-2 喷头参数**

| 型号 | 接头形式及尺寸 | 工作压力/kPa | 喷头流量/($m^3 \cdot h^{-1}$) | 喷嘴直径 mm | 射程/m |
|---|---|---|---|---|---|
| $PY_120$ | G1″ | 300 | 2.96 | 7 | 19.0 |

**4.喷头的组合形式**

喷头的组合形式包括支管布置方向,喷头组合方式及喷头沿支管的间距,支管和支管间距。

(1)支管布置方向。

支管布置的方向,除考虑灌区地形因素及作物种植方向外,还应考虑灌区风向和地形的坡度方向。喷头工作时受风的影响:无风条件下,喷头喷嘴为圆形面积。有风时,顺风向一侧,喷头射程增加,逆风向一侧,喷头射程减小,而平行风向的两侧,射程也相应地变小。所以,在一般情况下,支管布置在垂直主风向的位置,干管则布置在平行主风向的位置。地面坡度也会影响支管的布置方向,地面有坡度时,下坡方向,喷头射程加大,上坡方向,喷头射程变小。一般情况,支管平行等高线布置,干管垂直等高线布置。在该区,地势比较平坦,将以风向作为判断支管方向的主要依据。该地区风向多变,因此可不考虑风向对喷头的影响,为了将支管的布置尽量与作物方向一致,减少竖管对机耕的影响,所以,支管方向为东西方向。

(2)确定组合及间距。

该灌区多风且风向多变,以减小风的影响采用全圆喷洒和扇形喷洒,以保证灌区的喷灌质量。喷头组合形式的支管间距、喷头间距和有效控制面积见表 3-3。

**表 3-3 喷头组合形式的支管间距、喷头间距和有效控制面积**

| 喷头方式 | 组合方式 | 支管间距 a | 喷头间距 $l$ | 有效面积 |
| --- | --- | --- | --- | --- |
| 全圆 | 正方形 | $1.42R_{设}$ | $1.42R_{设}$ | $1.0R_{设}^2$ |
| 扇形 | 矩形 | $1.73R_{设}$ | $R_{设}$ | $1.73R_{设}^2$ |

根据变系数法在满足喷洒均匀系数大于 75% 的条件下,喷头间距和支管间距按参考文献中的公式计算:

$$R_{设} = KR = 0.7 \times 19 = 13.3 \text{ m}$$

式中:$R_{设}$——喷头的设计射程,m。

$K$——系数,根据设计资料可确定此地为多风地区,可采用 0.7。

$R$——喷头的射程(或称最大射程),m。

全圆喷头正方形组合:

$$l = 1.42R_{设} = 1.42 \times 13.3 = 19 \text{ m}$$

$$a = 1.42R_{设} = 1.42 \times 13.3 = 19 \text{ m}$$

(3)雾化程度。

按式计算。

$$P_D = \frac{1\,000\, h_p}{d}$$

式中:$h_p$ 为喷头工作压力水头,m;$d$ 为喷嘴直径,mm;$\rho_d$ 值越大,说明其雾化程度越高,水滴直径就越小,打击强度也越小,式中 $h_p$ 选 300 kPa 的喷头,可换算成 30 m 的水柱高。

$$P_d = \frac{1\,000\, h_p}{d} = \frac{1000 \times 30}{7} = 4\,286$$

对于蔬菜作物,$\rho_d$ 值控制在 4 000 ~ 5 000,所以所选喷头满足雾化指标要求。

### (三)编制轮灌顺序

#### 1. 计算喷头平均喷灌强度

$$\rho_{全} = \frac{1\,000\, q\eta}{A_{有效}}$$

已知：$q = 2.96\ m^3/h$，$A_{有效} = a \times l = 19m \times 19m = 362\ m^2$

所以：$\rho_{全} = \frac{1\,000 \times 2.96 \times 0.80}{361} = 6.56\ mm/h$

式中：$q$——喷头的喷水量；

$\eta$——喷灌水的有效利用系数；$\eta = 0.80$；

$A$——在全圆转动时一个喷头的湿润面积；

$\rho_{全}$——喷灌系统的平均喷灌强度。

**2. 计算喷头在一个喷点上的工作时间**

$$t = \frac{m}{\rho_{全}}$$

式中：$t$—— 一个喷点上的工作时间；

即喷头在一个喷点上的工作时间是：$t = \frac{m}{\rho_{全}} = \frac{28}{6.56} = 4.6\ h$，取 $t = 4.5h$

**3. 计算同时工作的喷头数**

（1）$N_{喷} = \frac{A}{al} \frac{t}{T_{设}\ C} = \frac{250 \times 250}{19 \times 19} \times \frac{4.5}{3 \times 15} = 17$

式中：

$N$——同时工作的喷头数；

$C$——天中喷灌系统的有效工作小时数，$C$ 取 15 h（多风地区 $C$ 值较小，但不宜小于 8 h）；

（2）$n = \frac{L}{l} = \frac{250}{19} = 13.2 \approx 13$（个）

式中：$n$——一根支管的上的喷头数。

$L$——支管的长度。

$l$——喷头的间距。

（3）$N_{支管数} = \frac{L}{l} = \frac{250}{19} \approx 13$（个）

式中：$N_{支管数}$——一块地的支管数

（4）$N_{支} = \frac{N_{喷头}}{n} = \frac{17}{13} \approx 1$（根）

式中：$N_{支}$——同时工作的支管。

因为考虑到实际需要，所以在每一块田上加扇形喷头，即在条田边上布置扇形喷头。即一根支管上有 14 个喷头，一个区有 14 根支管。

4. 确定支管的轮灌方式

每块田上有一根支管同时工作,轮灌时沿分干管依次灌水。

(四)进行管道系统的平面布置

在东、西区中间标出主干管的位置,并分为四个区,每个区面积相等,两两对称。分干管与干管垂直布置,支管与分干管垂直,每个区的东部都布置一条分干管,每条分干管分别布置 14 条支管,在分干管始末间隔 15 m 处各布置一条支管,选 $PY_1 20$ 工作压力为 300 kPa 的喷头,喷头间距为 19 m,每条支管布置 14 个喷头,采用扇形喷洒。其他每隔 19 m 布置一条支管,选用 $PY_1 20$ 工作压力为 300 kPa 的喷头,支管上喷头间距和喷头数与始末支管上的喷头间距扇形的一样,但采用全圆正方形喷洒,四边采用扇形矩形喷洒。

(五)管道设计及水力计算

1. 管材的选择

管材的选择应当根据当地的具体情况,如地质、地形、气候、运输、供应以及使用环境和工作压力等条件,结合各种管材的特性以及使用条件进行选择。

根据本设计资料,主干管和干管采用硬聚氯乙烯管,支管和竖管采用薄壁铝管。

2. 管径的选择

在管道系统布置以及喷灌工作制度确定之后,各级各段管道的长度以及通过的流量便为已知,这时可将各管道的流量按轮灌顺序列成表格,据此进行管道水力计算和选择管径。

(1) 从喷头性能表查得喷头流量为

工作水头喷头的流量:$q = 2.96\ m^3/h$

(2) 支管、分干管、主干管的流量及管径选择(由《喷灌工程学》查得经验公式):

当时 $Q < 120\ m^3/h$ 时,$d = 13\sqrt{Q}$;

当时 $Q \geqslant 120\ m^3/h$ 时,$d = 11.5\sqrt{Q}$。

式中:$d$——管道内径,mm;

$Q$——喷灌系数设计流量 $m^3/h$。

支管:

$$Q_{支} = qn = 2.96 \times 14 = 41.44\ m^3/h$$

$$d = 13\sqrt{Q_{支}} = 13 \times \sqrt{41.44} = 84\ mm$$

根据《灌溉工程技术规范》选管径 $d = 110$ mm,壁厚为 3.5 mm,实际内径为

$\phi$103 mm 的硬聚氯乙烯管。

干管是指支管以上的各级管道。由于喷灌管道系统年工作小时数较少,所占投资比例又大,因此一般在喷灌所需压力得到满足的情况下,选用尽可能小的管径是经济的。计算出的管径应该按照规格取整。

对于规模不大的喷灌工程,也可用如下经验公式来估算干管的管径。

分干管: $Q_{分干} = 41.44\ m^3/h < 120\ m^3/h$

$d = 13\sqrt{Q_{分干}} = 13 \times \sqrt{41.44} = 84\ mm$

根据《灌溉工程技术规范》选管径 $d = 110$ mm,壁厚为 3.5 mm,实际内径为 $\phi$103 mm。

主干管分两级:一级从水源到田边的干管,本级主干管要同时满足四根分干管工作;二级从田边到道路交叉处的闸阀井,本级主干管要同时满足两根分干管工作。

一级主干管: $Q_{主干} = 41.44 \times 4 = 165.76\ m^3/h > 120\ m^3/h$

$d = 11.5\sqrt{Q_{主干一}} = 11.5 \times \sqrt{165.76} = 148.1\ mm$

选管径 d = 160 mm,壁厚为 5.0 mm,实际内径为 $\phi$150 mm 的硬聚氯乙烯管。

二级主干管: $Q_{主干二} = 41.44 \times 2 = 82.88\ m^3/h < 120\ m^3/h$

$d = 13\sqrt{Q_{主干二}} = 13 \times \sqrt{82.88} = 118.3\ mm$

选管径 $d = 125$ mm,壁厚为 4.0 mm,实际内径为 $\phi$117 mm 的硬聚氯乙烯管。

硬聚氯乙烯管的具体参数见表 3-4。

**表 3-4 硬聚氯乙烯管的性能参数表**

| 序号 | 外径/mm | 壁厚/mm | 计算内径/mm | $S_0$($Q$ 以 $m^3/s$ 计) | $S_0$($Q$ 以 $m^3/h$ 计) |
|---|---|---|---|---|---|
| 1 | 25 | 1.5 | 22 | $7.380 \times 10^4$ | $3.745 \times 10^{-2}$ |
| 2 | 32 | 1.5 | 29 | $7.380 \times 10^4$ | $1.003 \times 10^{-2}$ |
| 3 | 40 | 2.0 | 36 | $7.045 \times 10^3$ | $3.575 \times 10^{-3}$ |
| 4 | 50 | 2.0 | 46 | $2.188 \times 10^3$ | $1.110 \times 10^{-3}$ |
| 5 | 63 | 2.5 | 58 | $7.242 \times 10^2$ | $3.675 \times 10^{-4}$ |
| 6 | 75 | 2.5 | 70 | $2.953 \times 10^2$ | $1.499 \times 10^{-4}$ |
| 7 | 90 | 3.0 | 84 | $1.238 \times 10^2$ | $6.281 \times 10^{-5}$ |
| 8 | 110 | 3.5 | 103 | 46.79 | $2.375 \times 10^{-5}$ |
| 9 | 125 | 4.0 | 117 | 25.48 | $1.293 \times 10^{-5}$ |
| 10 | 140 | 4.5 | 131 | 14.86 | $7.541 \times 10^{-6}$ |
| 11 | 160 | 5.0 | 150 | 7.789 | $3.952 \times 10^{-6}$ |
| 12 | 180 | 5.5 | 169 | 4.410 | $2.238 \times 10^{-6}$ |
| 13 | 200 | 6.0 | 188 | 2.653 | $1.346 \times 10^{-6}$ |

### 3. 沿程水头损失计算

$$h_f = f\frac{LQ^m}{d^b}$$

式中：$h_f$——沿程水头损失，m；

$f$——摩阻系数，与摩阻损失有关；

$L$——管长，m；

$Q$——流量，$m^3/h$；

$m$——流量指数，与摩阻损失有关；

$d$——管内径，mm；

$b$——管径指数，与摩阻损失有关。

各种管材的值可以按照表 3－5 确定。

**表 3－5　$f, m, b$ 数值表**

| 管材种类 | | $f$ | $m$ | $b$ |
|---|---|---|---|---|
| 混凝土及当地材料管 | 糙率为 n＝0.013 | $1.312 \times 10^6$ | 2.00 | 5.33 |
| | 糙率为 n＝0.014 | $1.516 \times 10^6$ | 2.00 | 5.33 |
| | 糙率为 n＝0.015 | $1.749 \times 10^6$ | 2.00 | 5.33 |
| 旧钢管、旧铸铁管 | | $6.250 \times 10^5$ | 2.90 | 5.10 |
| 石棉水泥管 | | $1.455 \times 10^5$ | 1.85 | 4.89 |
| 硬塑料管 | | $0.948 \times 10^5$ | 1.77 | 4.77 |
| 铝质管及铝合金管 | | $0.861 \times 10^5$ | 1.74 | 4.74 |

由表可知：塑料硬管：$f = 0.948 \times 10^5, m = 1.77, b = 4.77$。

（1）最远距离支管的沿程水头损失。

已知：L＝250 m，d＝103 mm，$Q_{支}$＝41.44 $m^3/h$，则

$$h_f = f\frac{LQ_{支}^{1.77}}{d^b} = 0.948 \times 10^5 \times \frac{250 \times (41.44)^{1.77}}{103^{4.77}} = 4.3\ \text{m}$$

即支管的沿程水头损失 3.8 m。

（2）分干管的沿程水头损失。

已知：$L$＝250m，$d$＝103 mm，$Q_{分干}$＝41.44 $m^3/h$，则

$$h_f = f\frac{LQ_{分干}^{1.77}}{d^b} = 0.948 \times 10^5 \times \frac{250 \times (41.44)^{1.77}}{103^{4.77}} = 4.3\ \text{m}$$

即分干管的沿程水头损失 3.8 m。

(3) 主干管的沿程水头损失。

一级主干管已知：$Q_{主干一} = 165.76\ m^3/h, d = 150\ mm, L_{主干一}$在任务书中没有明确给出，本设计中取 $L_{主干一} = 40\ m$，则

$$h_f = f\frac{LQ^{1.77}_{主干一}}{d^b} = 0.948 \times 10^5 \times \frac{40 \times (165.76)^{1.77}}{150^{4.77}} = 1.34\ m$$

二级主干管已知：$Q_{主干二} = 82.88\ m^3/h, d = 117\ mm, L_{主干二} = 255\ mm$，则

$$h_f = f\frac{LQ^{1.77}_{主干二}}{d^b} = 0.948 \times 10^5 \times \frac{255 \times (82.88)^{1.77}}{117^{4.77}} = 8.20\ m$$

总的沿程水头损失为

$$h_{f总} = 4.3 + 4.3 + 1.34 + 8.20 = 18.14\ m$$

局部水头损失一般为总沿程水头损失的 10%，即：$h_j = 18.14 \times 0.1 = 1.814\ m$

总水头损失：

$$h_\omega = \sum h_f + \sum h_j = 18.14 + 1.814 = 19.95\ m$$

**(六)首部枢纽的布置**

**1. 水泵的设计流量**

由下式计算可得水泵的设计流量：

$$Q = N_头 q$$

式中：$N_头$——喷头数量；

$q$——单喷头流量。

即 $Q = N_头 q = 2.96 \times 14 \times 4 = 165.76\ m^3/h$

**2. 水泵的扬程计算**

水泵的设计扬程为：

$$H = h_1 + h_\omega + h_\omega' + \Delta Z$$

式中：$H$——水泵设计扬程，m；

$h_1$——支管入口压力，m；

$h_\omega$——支管以上水头损失，m；

$h_\omega'$——吸水管水头损失，m；

$\Delta Z$——典型喷头高程与水源水面高差，m；

喷管的竖管高度：1.5 m

则：$\Delta Z = 1.5 + 1.5 = 3$ m；

$h_\omega = 19.95$ m；

$h_1 = \dfrac{p}{\rho g} = \dfrac{300}{1 \times 9.807} = 30.6 \approx 31$ m；

$h'_\omega = h_{泵} + \Delta h + h_{泵入水} = 1 + 1.5 + 0.6 = 3.1$ m；

式中：$h_{泵}$——泵的高度，m；

$\Delta h$——水网水位距地面高，有题目得 1.5 m；

$h_{泵入水}$——泵深入水面的深度，m；

$$H = h_1 + h_\omega + h'_\omega + \Delta Z = 31 + 19.95 + 3.1 + 3 = 57.05 \text{ m}$$

即水泵的设计扬程为 57.05 m。

**3. 水泵的选型及动力配套**

水泵的选型应先考虑扬程的要求，而且还要满足流量的要求，由上述计算出的扬程和流量分别为 57.05 m 和 165.76 $m^3/h$，考虑到扬程的因素，扬程不能太大，所以用二台正常工作水泵和一台备用水泵。

根据计算出的喷灌系统水泵设计流量和总扬程，查选定的水泵生产厂家的水泵技术参数表，选出合适的水泵型号 SLS80—250（I）A（流量 93.5 $m^3/h$，扬程70 m）的单级吸悬臂式清水离心泵。此块地需要 2 台水泵，考虑到水泵工作时可能出现故障，所以还需要一台备用水泵，用以保证因为水泵出现故障时，蔬菜不会因为缺水而出现干旱的现象，保证蔬菜的高产和稳产，水泵性能参数如表 3－6 所示。

**4. 沉淀池的设计**

当水中泥沙含量大于过滤器的处理能力，使用筛网过滤器和介质过滤器将因频繁的冲洗而不能正常工作时，此时需要借助于沉淀池对灌溉水进行初步沉淀处理。它的目的是去除水中的大量泥沙。用水悬浮物浓度与堵塞程度见表 3－7。

（1）设计参数的选用。

1）表面负荷率 $\mu_0$：

$\mu_0 = \dfrac{Q}{A}$（建议取 0.2～2 mm/s），这里取 $\mu_0 = 0.2$ mm/s。

2）水平流速 $v$：

在沉淀池中，增大水平流速，一方面提高了雷诺数而不利于泥沙颗粒下沉，但另一方面却提高了弗劳德数，而增加了水流的稳定性，利于提高沉淀效果。沉淀池的水平流速易取 $v = 10$～$25$ mm/s，则 $v = 10$ mm/s。

表 3－6 水泵性能参数

| 型号 | 流量 $Q$ $m^3/h$ | 流量 $Q$ L/s | 扬程/m | 效率/$\eta$ (%) | 电机功率 $\rho$ /kW | 转速 $n$ /(r·$min^{-1}$) | 必需气蚀余量 $r$/m |
|---|---|---|---|---|---|---|---|
| SLS80—100(I)B | 61<br>87<br>113 | 16.9<br>24.2<br>31.4 | 41<br>38<br>32 | 71 | 15 | 2 900 | 4.0 |
| SLS80—250(I) | 70<br>100<br>130 | 19.4<br>27.8<br>36.1 | 87<br>80<br>68 | 62<br>71<br>68 | 37 | 2 900 | 4.0 |
| SLS80—250(I)A | 65.4<br>93.5<br>121 | 18.2<br>26.0<br>33.8 | 76<br>70<br>59.5 | 61<br>68<br>67 | 30 | 2 900 | 4.0 |
| SLS80—250(I)B | 61<br>87<br>113 | 16.9<br>24.2<br>31.4 | 65<br>50<br>51 | 66 | 22 | 2 900 | 4.0 |

表 3－7 用水悬浮物浓度与堵塞程度

| 等级 | 悬浮物浓度 mg/L | 堵塞程度 |
|---|---|---|
| 0 | <10 | 轻微 |
| 1 | 10～20 | |
| 2 | 20～30 | 轻微 |
| 3 | 30～40 | |
| 4 | 40～50 | |
| 等级 | 悬浮物浓度 mg/L | 堵塞程度 |
| 5 | 50～60 | 中度 |
| 6 | 60～80 | |
| 7 | 80～100 | |
| 8 | 100～120 | 严重 |
| 9 | 120～140 | |
| 10 | >140 | |

3）停留时间 $T$：

沉淀池的停留时间应考虑原水水质和沉淀池水质要求，并根据沉淀池运行经验，采取 $T=1\sim3$ h，这里取 $T=2$ h。

4）长宽比：

一般认为，沉淀池沉淀区的长度和宽度之比不得小于 4。若计算得出沉淀池的宽度较大时，应进行分格，每格宽度易为 3～8 m，最大不超过 15 m。

5）池的长深比：

沉淀池的长度与深度之比不得小于 10。

（2）沉淀池设计计算。

沉淀池的表面积：

$$A = \frac{Q}{\mu_0} = \frac{165.76/3600}{0.2/1000} = 230 \text{ m}^2$$

式中：$Q$——产水量165.76 $m^3/h$；

沉淀池长度：

$$L = 3.6vT = 3.6 \times 10 \times 2 = 72 \text{ m}$$

式中：$L$——沉淀池长度，m；

$v$——水平流速，mm/s；

$T$——停留时间，h；

沉淀池的宽度：

$$B = \frac{A}{L} = \frac{230}{72} = 3.2 \text{ m} \approx 3.5 \text{ m}$$

式中：$B$——沉淀池的宽度，m；

$A$——沉淀池表面积，$m^2$；

$L$——沉淀池长度，m；

沉淀池的有效水深：

$$H_1 = \frac{QT}{BL} = \frac{165.76 \times 2}{72 \times 3.5} = 1.3 \approx 1.5 \text{ m}$$

式中：$H_1$——沉淀池的有效水深，m；

$Q$——产水量，$m^3/h$；

$T$——停留时间，h。

由以上数据可知泵深入水面的深度，可设为0.6 m。

**5. 施肥罐的选择**

施肥罐的选型一般根据喷灌地的规划面积选择，面积大的选用较大容积的，面积小的选用较小容积的。向压力管道内注入可溶性肥料或农药溶液的设备及装置称为施肥装置。常用的施肥装置有以下几种：压差式施肥罐，开敞式肥料罐自压施肥装置，文丘里注入器，注射泵。本系统工程规划面积为375亩，选用压差式施肥罐，型号为SFG—300。

测控保护装置：包括水表、压力表、止回阀、排气阀等。

**6. 镇墩**

镇墩设置要考虑传递力的大小和方向，并使之安全地传递给地基，一般在管道分岔，拐弯，变径，末端，阀门后置和连管处每隔一定距离设置一个镇墩。镇墩采用混凝土墩（C20），镇墩尺寸为0.6×0.6×0.6 m的12个和0.4×0.4×0.4 m的30个。

7. 阀门井

为了方便灌区管段的检修、维护、使用,需要修建阀门井。

8. 泵房

为了使系统首部能够正常的使用和便于维护,需修建泵房,根据过滤器、施肥罐尺寸,在首部修建 20 $m^2$ 泵房。

9. 喷灌系统辅助设备

在灌溉管道系统中,除直管和接头外,还有一些特别的配件,这些配件可以分成两类:一是控制件,二是连接件。

控制件的作用是根据灌溉的需要来控制管道系统中水流的流量和压力,如给水阀、阀门、安全阀、逆制阀、空气阀、流量调节器、配水井、放水井等。

连接件的作用根据需要将管道连接成一定形状繁荣管网,也称管件,如三通和四通、异径通、堵头、一字管、短管等。设备具体情况见表 3－8 至表 3－12 所示。

表 3－8 管材设备

| 名称 | 管材内径/mm | 管长/m | 数量/根 | 型号 |
|---|---|---|---|---|
| 一级主干管 | 150 | 40 | 1 | 大 |
| 二级主干管 | 117 | 255 | 1 | 大 |
| 分干管 | 103 | 1 010 | 4 | 小 |
| 支管 | 103 | 14 000 | 56 | 小 |
| 竖管 | 22 | 1 176 | 784 | 偏小 |

表 3－9 三通

| 名称 | 个数 | 型号 |
|---|---|---|
| 异径三通接头(二级主干管与分干管处) | 1 | 大 |
| 三通接头(支管与分干管处) | 56 | 大 |
| 三通接头(支管与竖管处) | 784 | 小 |

表 3－10 喷头

| 喷灌型号 | 工作压力/kPa | 喷灌直径/mm | 喷头个数 |
|---|---|---|---|
| $PY_1$ · 20 全圆 | 300 | 7 | 576 |
| $PY_1$ · 20 扇形 180 度 | 300 | 7 | 192 |
| $PY_1$ · 20 扇形 90 度 | 300 | 7 | 16 |

表 3-11 其他设备

| 名称 | 数量/个 | 备注 |
| --- | --- | --- |
| 排水井 | 32 | — |
| 异径四通接头 | 1 | — |
| 堵头 | 60 | 在分干管和支管尾部 |
| 弯头 | 4 | — |
| 吸水管 | 3 | — |
| 排水井 | 4 | 在分干管末端 |
| 阀门井 | 2 | — |
| 压力表 | 3 | — |
| 水表 | 1 | — |
| 过滤器 | 1 | — |
| 施肥罐 | 1 | — |

表 3-12 闸阀

| 名称 | 管材外径/mm | 闸阀内径/mm | 数量/个 | 型号 |
| --- | --- | --- | --- | --- |
| 总管 | 160 | 150 | 2 | 大 |
| 分干管 | 110 | 100 | 4 | 大 |
| 支管 | 110 | 100 | 56 | 大 |
| 排水管 | 40 | 30 | 120 | 小 |

## ☆思考题☆

1. 喷灌规划设计的原则和内容有哪些?
2. 喷灌设计说明书具体包含哪些内容?
3. 如何进行管道水力计算?
4. 如何确定管道管径?
5. 喷头的组合及组合间距如何确定?
6. 常见的喷灌田间布置形式有哪些?
7. 常见喷灌附属工程、附属建筑物布置形式有哪些?
8. 管网布置原则及内容是怎样的?
9. 系统设计流量及水泵扬程如何确定?
10. 请参考喷灌工程设计案例,结合实际情况编制一份喷灌设计说明书。

# 任务三　喷灌工程运行管理

## ☆任务描述☆

结合上一任务，通过本任务学习和实践，使学生能够在阐述喷灌工程特点及设计施工内容基础之上，掌握喷灌工程施工、运行、管理及维护。

**【资讯】**教师以市场岗位调研、生产实践经验、经济社会需求等方面引入教学任务内容，进行知识点讲解与技能训练分解，并下达工作任务。

**【计划与决策】**学生在熟悉喷灌工程运行管理相关知识点的基础上，查阅资料收集信息，进行工作任务构思，师生针对工作任务的有关问题及解决方法进行答疑、交流，明确思路。

**【实施】**学生在教师辅导下，按照计划分布实施，进行知识点理解和技能训练。

**【检查与评价】**为确保工作任务保质保量完成，在任务的实施过程中进行学生自查、学生互查、教师检查。

## ☆资料☆

喷灌按设备种类分为管道式喷灌和机组式喷灌。管道式喷灌有固定式喷灌、半固定式喷灌、管道全移动式喷灌。机组式喷灌以喷灌机（机组）为主体，大型喷灌机组有大型中心支轴式（自走）喷灌机、平移式（自走）喷灌机和大型滚移式喷灌机，中型喷灌机组有卷管式（自走）喷灌机、双悬壁式（自走）喷灌机、滚移式喷灌机和纵拖式喷灌机，小型喷灌机组有拖拉机悬挂式的喷灌机和手抬的轻小型喷灌机。

### 一、固定式、半固定式管道喷灌系统施工步骤及要求

对于不同形式的喷灌系统，其施工的内容也不同。对于移动式喷灌系统只需要在田间修建水源（井、渠、塘等），而固定式和半固定式喷灌系统除水源外，还要进行泵站的施工和管道系统的安装铺设。喷灌系统的施工一般应作为农田基本建设的一个组成部分，在土地平整之后再挖沟铺设管道，以减少返工。固定式喷灌系统施工的技术要求较高，应由专业队伍安装，以保证施工质量。喷灌系统施工大致分为以下几个步骤。

#### （一）放线测量（定线）

放线就是把设计图纸上的设计方案直接布置到地面上，依此进行施工。较大喷灌系

统应设置控制网；地形复杂的喷灌系统应包括平面位置和高程两个方面的测量；对于水泵放线应确定水泵的轴线位置和泵房的基脚位置及开挖深度，对于灌带系统则应确定干管的轴线位置，弯头、三通、四通及喷点（即竖管）的位置和管槽的深度。地形简单的小面积喷灌系统只需按照施工总体布置图，定出干管的中心线，安装各种配件的位置，设置定位标准即可。对于移动式系统要定出渠道的中心线、坡脚和挖深及喷点（应设吸水池或标志）的准确位置。

### （二）基坑和管槽开挖

由中心线向两侧开挖，在方便施工的前提下管槽应尽量挖得窄些，如 35 ~ 45 cm，这样可以较少土方量。管槽的底面要求平滑顺直，以减少不均匀沉陷和管子承受的不均匀压力。管槽深度应达到冻土层以下。有纵坡要求的按设计纵坡开挖。需要在沟内安装配件的地方，其宽度应大一些，安装作业时方便。

### （三）浇筑水泵基座

浇筑水泵基座关键在于严格控制基座和基脚螺钉的位置和深度，常用一个木框架，按水泵基脚尺寸打孔，按水泵的安装条件把基脚螺钉穿在孔内进行浇筑。

### （四）干支管的铺设

干支管均应埋在当地冰冻层以下，并应考虑地面上农业机械的压力确定最小埋深。管子应有一定的纵向坡度，使管内残留的水能向水尖或干管的最低处汇流，并装有排水阀以便在喷灌季节结束后将管内积水全部排空。

对于脆性管道（玻璃管、石棉水泥管等）装卸运输要特别小心，以减少破损率，铺设时隔一定距离（10 ~ 20 m）应装有柔性接头。管槽应预先夯实并铺沙过水，以减小不均匀沉陷造成的管内应力。在水流改变方向的地方（弯头、三通等）和支管末端都应设镇墩，以承受水平侧向推力和轴向推力。

塑料干支管的安装。检查所需各种管道与管件是否齐全，质量是否满足设计要求。准备好各种施工工具，包括钢锉和木锉 1 把、小木锯 1 把、大锤 1 把、木桩（若干）、砂纸 40 ~ 50 目（每 100 m 需用 3 张）、棉丝（毛巾 2 条）、排刷（2in）2 把、大口瓶（碗）2 个、小桶（脸盆）1 个、肥皂 1 块或洗衣粉、PVC 管黏接用胶。一切准备就绪后就可以组织人员进行施工。以后长期管理喷灌的工人应参加施工，以便对系统进行全面了解。若采用 PVC 管作干管，施工时要求管与管、管与配件的连接均采用承插的方法，一般应插入 18 ~ 22 cm。管与管连接前，首先应清除管中杂物，检查 PVC 管有无破损，然后用砂纸将要连接的部位打毛，用布把接头部位碎屑擦净，再在打磨过的部位均匀涂抹上专用胶，最后把 PVC 管承插连接起来，如插不进去，可用木棒在另一端垫上毛巾轻打。如果遇到塑料管与铁配件承插连接，首先看一下铁配件胶圈是否安装好，再往胶圈部位涂肥皂水，然后插塑料管。管道转弯以及各种阀门处需设镇墩或墩座，以免使用时管路发生移位。装配阀门处需设置阀门井,简便的方法可用木桩和砖把阀门的上游、下游固定住。

安装过程中要始终防止泥土、沙石进入管道内。

对于金属管道,在铺设之间应预先进行防锈处理,铺设时如发现防锈层有损伤或脱落应及时修补。

水泵安装时要特别注意,应与动力机轴线一直,安装完毕后应用侧隙规检查同心度。吸水管要尽量短而直,接头要严格密封,不可漏气。

(五)冲洗

管子装好后先不装喷头,开泵冲洗管道,把竖管敞开任其自由敞开任其自由溢流把管中沙石、碎末都冲出来,以免日后使用时堵塞喷头。

(六)试压

将开口部分全部封闭,竖管用堵头封闭,逐段进行试压,试压的压力应比工作压力大一倍。保持这种压力 10 ~ 20 min,各接头不应当有漏水,如发现漏水应及时修补,直至不漏为止。

(七)回填

管路铺设完毕,管路系统需要冲洗和试压,对于质量较轻的(塑料)管,在开阀冲洗和试压时受到水流冲击,常使管路发生移位而脱节。因此,在试压前可先回填一半,将所有的接口处留在外面以便观察,然后进行管路试压。经试压证明整个系统施工质量符合要求才可以回填。如管子埋深较大,应分层轻轻夯实。采用塑料管应掌握回填时间,最好在气温等于土壤平均温度时回填,以减少温度变化引起的变形。

(八)支管、立管、喷头

对于半固定式喷灌系统,支管、辅助管应铺设在地面,便于拆卸移动,管道通常采用快速拆接铝管或纤维(钢丝)增强塑料管。因为支管都要铺设在农田中,固定式喷灌系统的支管可以根据使用上的要求埋设在地下或固定在地面不影响耕作的地方。

(九)调试运行(试喷)

将管路冲洗干净,管道应无漏水处,检查无误后,缓慢开闸试喷,逐渐将压力调整到设计要求。待喷灌系统运行正常后,要对干管首端和支管末端压力进行检测。必要时还应检查在正常工作条件下各喷点处是否达到喷头的工作压力,用量雨筒测量系统均匀度是否达到设计要求,检查水泵和喷头运转是否正常。

## 二、喷灌系统操作及注意事项

(一)支管路安装

支管铺设前将胶圈、挂钩、喷头提前安装。连接管道时应检查一下管内的胶圈是否安装完备,其标准是胶圈的沟槽要朝里,胶圈要平卧在管槽内,软管要放平,不得拐死弯,并清除掉管端及管口内的泥土及杂质。由于管间的连接采用单挂钩、直插式快速接头,所以连接管端时注意不可把已接好的管的挂钩顶出沟槽,插管时要缓慢插入,插入后要往后拉拽一次。装喷头的竖管要直,要有支架支撑。开机步骤:①喷灌作业支管的首端阀开关要完全打开;②微启首端闸阀。

**(二)喷头例行检查**

喷头安装前必须进行检查,应当零件齐全,联结牢固,喷灌规格无误,流道畅通,转动灵活,换向可靠,弹簧松紧适度等。当喷头运转时,要进行巡回监视。如发现进口连接部和密封部位严重漏水,喷头不转或转速过快、过慢,换向失灵,喷嘴堵塞或脱落,支架歪或倾倒,全射流式喷头的负压切换失效等,应及时处理。喷头运转一定时间后,应对各运转部位加注适量的润滑油。

**(三)喷头维护保养**

每次喷灌作业完毕,应将喷头清洗干净,更换损毁部件。整个灌溉季节结束,应进行保养,对转动部位和弹簧件加注少量润滑油。长期存放的喷头,每半年进行一次拆除保养,重新油封。喷头应存放在通风、干燥、远离热源处,不得同时放酸碱等物,并将喷头弹簧件放松,按不同规格、型号顺序排列,不得堆压。塑料喷头和有塑料件的金属喷头应置于不受阳光直接照射处。

**(四)喷头常见故障及排除**

喷头的形式较多,下面对摇臂式和蜗轮蜗杆式喷头的常见故障及排除方法进行介绍。

**1.水舌性状异常**

旋转式喷头如果工作正常,在无他物(摇臂式的导水器或蜗轮蜗杆的叶轮)阻挡时,水舌在离开喷嘴附近应有一光滑、透明的圆形密实段,在密实段之后水舌才逐渐掺气变白并被粉碎;其射程不应小于标准值的85%,且应雾化良好,否则为水舌性状异常。其表现形式如下:

水舌刚离开喷嘴,表面就毛糙不透明,但水舌主流仍是圆形的,原因是喷头加工粗糙,有毛刺或损伤。应将喷头磨光或更换喷嘴。

水舌刚一离开喷嘴就散开,没有圆形密实段,其主要原因:①流道内有异物阻塞,应清除异物;②整流器扭曲变形,应修理或更换;③喷嘴内部损坏严重,应予以更换。

**2.水舌性状尚可但射程不够**

射程不够,水舌雾化还好,主要原因是喷头转速太快,应调小喷头转速。

射程不够,水舌雾化也差,原因是工作压力不够,应按要求调高压力。

3. 摇臂式喷头转动不正常

摇臂工作正常但喷头不转或转动很慢。原因是①如果是新安装的,可能是安装时套轴拧的太紧,应适当放松;②空心轴与套轴间隙太小,应加大其间隙;③使用一段时间后转动变慢,可能是空心轴与套轴两者之间被进入的泥沙阻塞,应拆下清洗干净。

摇臂张角太小。原因是①摇臂弹簧压得太紧,应适当调松;②摇臂安装过高,导水器不能完全切入水舌,应调低;③摇臂与摇臂轴配合过紧,应加大间隙;④水压不足,应调高。

摇臂张角够大,但敲击无力。原因是导流器切入水舌太深,使摇臂的力量尚未完全作用在喷体上即被冲开,应将敲击块加厚。

摇臂敲击频率不稳定,忽快忽慢。原因是摇臂和轴配合松或摇臂轴松动,应及时修复。

摇臂甩开后不能返回。主要原因是摇臂弹簧太松,应调紧弹簧。

4. 蜗轮蜗杆式(喷轮式)喷头转动不正常

叶轮空转但喷头不转。主要原因有①叶轮轴与小蜗轮之间连接螺栓松脱或销钉脱落,应拧紧;②大蜗轮与套轴之间的定位螺栓松动,应拧紧;③换向齿滑出,应扳动换向拨杆使齿轮啮合。

水舌正常但叶轮不转,喷体也不转。主要原因有①蜗轮蜗杆或齿轮缺油,造成阻力过大,应加润滑油;②定位螺栓拧得太紧,致使大蜗轮产生偏心,应适当松开;③叶轮被异物卡死,应清除;④蜗轮、齿轮或空心轴与套轴之间锈死,应除锈加油后重新安装。

5. 喷头转动部分漏水

垫圈中进入泥沙,使密封面不密封,应拆下空心轴清洗干净。

喷头加工精度不够,空心轴与套轴的端面不能密合,应修理或更换。

### (五)地面管道使用前例行检查

地面移动管道每次使用前,应逐节进行检查。要求管道和管件完好,止水橡胶圈质地柔软,具有弹性。地面移动管道应从其进水口开始逐级进行铺设。管接头的偏转角不应超过规定值。当投入运行时,应开启闸阀充分排气。运行中,管件连接处不应漏水。地面移动管道的移位,应按轮灌次序进行,当前一组(或几组)支管运行时就应安装好下一组(或几组)支管。轮换时,交替支管的阀门要同时启闭。每次移动前,应放掉管内积水,拆成单根管,搬移时严禁拖拉、滚动和抛掷。软管应盘卷后搬移,金属管道拆装搬移时,应防止触及电线。

### (六)地面管道维护保养

每次灌水完毕,应对地面移动管进行检查,修理或更换损坏部件。每年灌水季节结束，必须对地面移动管进行保养。对易锈蚀的金属部件要涂油或刷漆。止水橡胶圈应擦净阴干并撒上滑石粉。安全保护设备和测量仪表应拆下保养。

地面移动管道应区分不同材质、规格，在平整的地面上码堆存放，堆与堆之间留有通道；两端带有管件的硬质管道，应分层纵横交错或层间加设垫木前后交错堆放；一端带管件的硬质管道应分层前后交替堆放；半软塑料管道层间可不加设垫木；软质塑料管道应晾干，卷盘捆扎存放。管道的堆放高度，金属管道不得超过1.5 m，硬质和半软质塑料管道不宜超过1 m。各种塑料管道应存放于阴凉处，不得露天存放，距离热源不得小于1 m。各种管件、量测仪表和止水橡胶圈的存放应按不同规格、型号分类排列，置于架上，不得重压。

## 三、卷盘式喷灌机

### (一)卷盘式喷灌机的形式

卷盘式喷灌机从20世纪60年代开始在欧洲生产和使用，这种设备具有机械化程度高、操作管理简易、适应性强、灌水效果好等优点。按卷盘旋转驱动方式分为水涡轮驱动和胶囊驱动。水涡轮驱动喷灌机卷盘缠绕速度和喷头小车行走速度均匀，行走过程中变速容易，操作管理简单，且水涡轮使用寿命较长，一般在10年以上；胶囊驱动喷灌机的卷盘及喷头小车行走速度均匀度差，行走过程中变速困难，并有部分弃水，造成水的浪费。

按灌溉水喷洒方式划分为单喷头式和悬臂式(桁架式)。单喷头式小车上仅带一只大喷枪，喷头离地面1.5～2 m，可旋转，一次喷灌控制宽度大，需作业路少，田间树木等障碍物对灌溉没有影响，适宜灌溉高杆作物。但此方式在风速较高时对喷洒质量影响较大，水滴较大，雾化指数不高，不宜于灌溉幼嫩作物。悬臂式喷头小车有一条向两侧伸出的悬臂，悬臂上带多个折射小喷头，一次灌溉控制宽度小，田间需作业路较多，田间有树木、电线杆等障碍物时无法通过，喷水高度低，不能喷灌甘蔗等高杆作物。但悬臂式抗风能力强，风力对喷洒质量影响小，且喷洒水滴较小，对作物及土壤打击强度小，适于灌溉幼嫩作物。按软管直径划分的规格品种有25 mm，32 mm，45 mm，50 mm，63 mm，70 mm，75 mm，85 mm，90 mm，100 mm，110 mm，125 mm，140 mm等，PE管长100～600 m。

### (二)运行管理

#### 1. 安装运行

用拖拉机将喷灌机拖至小车道与交通道交会处，将喷灌机底盘转至转盘旋转方向，对正小车道，支牢喷灌机后，用喷灌机的快速接管与压力输水管的给水栓连接；用拖拉机牵引喷头小车，缓慢地将小车拉至需喷灌地块的尽头，打开给水栓的闸阀，即可开始喷灌。喷灌速度或喷水量根据土壤的需水量随意调节，当该地块喷完时，软管缠绕结束，喷头车触碰到卷盘上的安全机构,使卷盘停止转动。随后将卷盘在喷灌机底盘上旋转180°,喷灌交通道对面的另一边或更换下一工作位置继续喷灌。小车喷头一般采用210°扇形喷洒,也可调节向任一方向喷洒。

2. 运行管理的注意事项

(1)喷灌机组装前,应详细阅读操作手册,组装后应检验喷灌机的灵敏度及逐一检查各部件的工作情况。

(2)在喷灌机工作时,PE管回卷应排列整齐,但需注意回卷时是否黏有杂物,以免打乱PE管的排列。在拖拉移动喷灌机时,应检查手刹是否在刹车位置,以防止运输过程中PE管松动,排列紊乱。运输移动时,速度不能超过10 km/h。

(3)在田间牵引小车前,检查手刹是否在空挡位置,确认手刹在空挡位置以后,方可牵引小车。

(4)注意水质,进行过滤,防止杂草、树枝、破布等杂质堵塞喷头和水涡轮。

(5)PE管不耐尖锐物穿刺,在拖拉小车时应检查小车道上是否有钢筋、铁丝、铁钉、玻璃等利物,防止刺穿PE管。

(6)降雨或停灌时,喷灌机入库。

(7)卷盘式喷灌机每台机灌溉面积在30 $hm^2$ 左右,因此只有大规模集约化经营,统一规划土地,统一进行种植,才有利于发挥卷盘式喷灌机的作用。

(8)建设灌溉工程前,必须把土地调整作为前期工作的主要事项来完成,需建设交通道及小车道,将土地按设计要求做好条块分割,便于采用卷盘式喷灌机进行大规模作业。

## ☆思考题☆

1. 喷灌施工时应当注意什么?
2. 管道式喷灌系统施工步骤有哪些?
3. 请阐述在生产实践中,喷灌系统操作及注意的事项。
4. 机组式喷灌系统在运行时应当注意什么?
5. 结合实践,分析管道式喷灌系统施工中应注意的问题。

## 教学反馈

喷灌系统管道布置应根据灌区地形、水源位置、耕作方向及主要风向和风速等条件提出几套方案,经技术经济比较后选定。布置时应考虑用水户的需要,便于用水和管理,有利于组织轮灌,并应遵循一定原则。布置形式主要有丰字形和梳齿形两种。

喷灌工程规划设计是对整个工程进行总体安排，是进行工程设计的前提。规划应在收集水源、气象、地形、土壤、作物、灌溉试验、能源、材料、设备、社会经济状况与发展规划等方面的基本资料基础上，通过技术经济比较确定喷灌工程的总体设计方案。

规划分为管道式喷灌系统和机组式喷灌系统两类。管道式喷灌系统规划设计步骤包括：规划设计资料收集、喷灌系统选型、喷头选型与组合间距的确定、管道系统布置、喷灌制度的拟定、喷灌工程制度的拟定、管道水力计算、水锤压力计算与水锤防护、水泵及动力选择、管道及泵站结构设计等。机组式喷灌系统规划设计的主要内容包括：机组选型及台数的确定、田间工程布置、有关参数的确定等。

# 学习情境四

# *微灌*

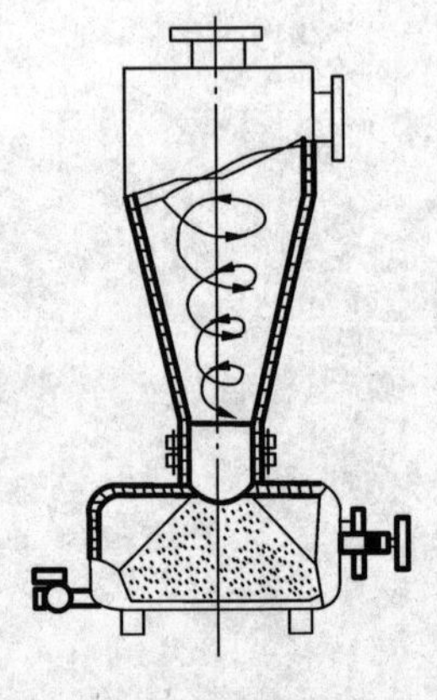

旋流式水砂分离器

## 学习情境

微灌具有省水、省工、节能、增产、灌水均匀、对土壤和地形的适应性强等优点；但是也有投资远高于地面灌，灌水器易被水中的矿物质或有机质堵塞等缺点。本情境通过对微灌系统的认知与实践，一方面使学生了解到微灌工程在园林、设施农业中的应用极为广泛，节水效果极为显著，另一方面，使学生具备分析任务、解决任务的能力，具备较强社会人际交往与团队协作能力，并掌握大纲要求的知识目标与能力目标。

## 知识目标

1. 掌握微灌专用灌水器(如滴头、微喷头)的作用及其分类。

2. 掌握微灌系统组成、分类及其优缺点。

3. 掌握微灌系统规划布置原则、方法，工程设计中各参数的确定，微灌工程灌溉制度、工作制度的确定以及水力计算方法。

4. 掌握系统设计流量、设计扬程的计算方法。

5. 阐述微灌在农业节水灌溉中的意义，微灌工程规划的任务与原则，微灌工程中控制、量测与保护装置的应用。

## 能力目标

1. 能够根据任务描述，依据资讯、计划、决策、实施、检查及评价等环节要求完成微灌情境学习。

2. 通过市场岗位调研、生产实践经验及社会经营需求等方面，能够对微灌工程进行设计和实践。

3. 能够利用信息检索解决学习过程中遇到的问题，具备分析、解决任务的能力。

4. 能够利用丰富多彩的形式开展任务，建立较强的社会人际交往能力、有效沟通能力及团队协作能力。

5. 通过微灌工程系统设计，科学发展缜密思维，以及严谨勤奋、实事求是的思想行动。

# 任务一　微灌认知

## ☆任务描述☆

根据设施农业中常见微灌系统，能够进行微灌系统特点阐述、对微灌设备进行选型和参数确定，通过微灌系统常见设备选型及参数确定等任务，认识微灌系统在大田、温室中的应用，并能够利用网络资料和生产实践接触最新型微灌设备。

**【资讯】**教师以市场岗位调研、生产实践经验、经济社会需求等方面引入教学任务内容，进行知识点讲解与技能训练分解，并下达工作任务。

**【计划与决策】**学生在熟悉微灌相关知识点的基础上，查阅资料收集信息，进行工作任务构思，师生针对工作任务的有关问题及解决方法进行答疑、交流，明确思路。

**【实施】**学生在教师辅导下，按照计划分布实施，进行知识点理解和技能训练。

**【检查与评价】**为确保工作任务保质保量完成，在任务的实施过程中进行学生自查、学生互查、教师检查。

## ☆资料☆

微灌是利用微灌设备组装成微灌系统，将有压水输送分配到田间，通过灌水器以微小的流量湿润作物根部附近土壤的一种灌水技术。微灌按灌水器及出流形式的不同，主要有滴灌、微喷灌、小管出流、渗灌等形式。

### 一、微灌系统特点及分类

#### 1. 微灌系统的主要特点

(1)灌水流量小，水的利用率高。

(2)工作压力低，节省能源。

(3)对土壤及地形适应性强。微灌只是局部湿润土壤，不受地形、土壤条件的限制，灌水均匀，能有效地调节土壤中水、肥、气、热状况，为作物生长提供良好的环境。

(4)可结合灌水施肥，增产明显。因水肥适时，一般较其他灌水方法增产 20 % 左右。

(5)适于咸水地区。实践证明，使用咸水滴灌，灌溉水含盐量在 2 ~ 4 g/L，作物生长正常，这对于干旱和半干旱咸水地区提供了一条增产出路。

(6)当前微灌技术存在的主要问题是灌水器易于引起堵塞；由于属局部灌溉，作物根系发展会受到一定影响。

2. 微灌技术的分类

(1)按灌水时水流出流方式分类

①滴灌。滴灌是通过安装在毛管上的滴头或滴灌带等灌水器的出水孔使水流成滴状进入土壤的一种灌水形式。滴灌水入渗主要借助毛细管力的作用,在作物根部附近形成饱和区,并向周围扩散。

②地表下滴灌。地表下滴灌是将全部滴灌管道和灌水器埋入地表下面的灌水形式。它与地下渗灌和通过控制地下水位的浸润灌溉相比,区别仍然是仅湿润部分土体,故称地表下滴灌。

③微喷灌。将水通过微喷头洒在枝叶上或树冠下灌水方法称为微喷灌。它与喷灌的主要区别在于喷头压力低、流量小,一般把水头5 ~ 15 m、喷嘴孔径0.8 ~ 2 mm、流量小于240 L/h的微喷划在微灌的范围内。

④涌泉灌溉。涌泉灌溉是通过安装在毛管上的涌泉器形成的小股水流,以涌泉的方式进入土壤的一种灌水形式。

(2)按毛管在田间布置的方式分类

①地面固定式微灌系统。毛管布置在地面,在灌水期间毛管和灌水器不移动的系统称为地面固定式系统。其适用于条播作物和果园灌溉。这种系统安装、清洗、拆卸、检查均较方便,但易损坏、老化和影响农业耕作。

②地下固定式微灌系统。与地表下滴灌类似,将所有微灌设备与器材埋入地下进行灌溉。优点是不影响耕作,避免了反复的安装、拆卸,延长了设备的使用寿命,缺点是不易检查堵塞状况。

③移动式微灌系统。在灌水期间,毛管和灌水器由一个位置灌完后移向另一个位置的灌水系统称为移动式微灌系统。按移动毛管的方式又可分为人工移动和机械移动两种,与固定式系统相比,移动式系统投资较低但运行管理费用较高。

④间歇式微灌系统。又称脉冲式微灌系统,工作方式是每隔一定时间喷水一次,此系统的灌水器流量比普通滴头流量大4 ~ 10倍。因灌水器孔口较大,减少了堵塞,由于间歇灌水,避免了产生地面径流和深层渗漏损失,但灌水器制造工艺要求高,设备成本也高。

## 二、微灌系统组成

微灌系统通常由水源、首部枢纽、输配水管网和灌水器四部分组成,见图4 - 1。

1. 水源

河、湖、渠、塘、井都可作微灌的水源,但含污物和含沙大的水体易造成灌水器堵塞,均不宜作微灌水源。为保证微灌的水源,常需要修建专门的水源工程,如蓄水池、引水渠等。

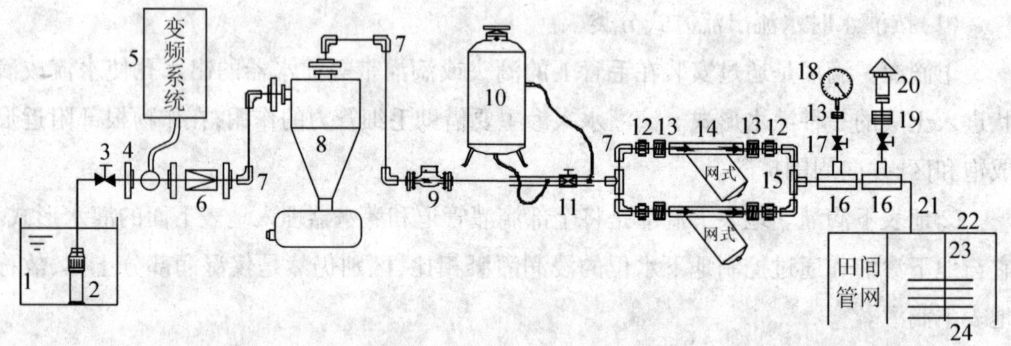


1－水源;2－水泵;3－闸阀;4－法兰盘;5－变频系统;6－止回阀;7－弯头;8－离心过滤器;9－螺翼水表;10－压差式施肥罐;11－施肥阀;12－活接头;13－内丝接头;14－筛网过滤器;15－正三通;16－异径三通;17－球网;18－压力表;19－外丝接头;20－进排气阀;21－干管;22－干支管;23－支管;24－毛管及灌水器

图4－1　微灌系统示意图

2. 首部枢纽

微灌工程的首部枢纽由水泵、动力机械、控制阀门、过滤器、施肥装置、测量和保护设备等组成。它是全系统控制调度的重要组成部分,也是系统的中心。微灌常用的水泵有潜水泵、深井泵、离心泵等,动力机可以是柴油机、电动机等。

在供水量需要调蓄或含砂量很大的水源,常要修建蓄水池和沉淀池。沉淀池用于去除灌溉水源中的大固体颗粒,为了避免在沉淀池中产生藻类植物,应尽可能将沉淀池或蓄水池加盖。

过滤设备的作用是将灌溉水中的固体颗料滤去,避免污物进入系统,造成系统堵塞。过滤设备应安装在输配水管道之前。

肥料和化学药品注入设备用于将肥料、除草剂、杀虫剂等直接施入微灌系统,注入设备应设在过滤设备之前。

流量压力量测仪表用于测量管线中的流量或压力,包括水表、压力表等。水表用于测量管线中的流过的总水量,根据需要可以安装于首部,也可以安装于任何一条干、支管上,如安装在首部,须设于施肥装置之前,以防肥料腐蚀。压力表用于测量管线中的内水压力,在过滤器和密封式施肥装置的前后各安设一个压力表,可观测其压力差,通过压力差的大小能够判定施肥量的大小和过滤器是否需要清洗。

控制器用于对系统进行自动控制,一般控制器具有定时或编程功能,根据用户给定的指令操作电磁阀或水动阀,进而对系统进行控制。

阀门是直接用来控制和调节微灌系统压力流量的操纵部件,布置在需要控制的部位上，其形式有闸阀、逆止阀、空气阀、水动阀、电磁阀等。

3. 输配水管网

微灌系统的输配水管网一般分为干、支、毛三级管道。干、支管两级承担输配水任务，一般均埋入地下，毛管承担田间灌水任务，根据情况可埋入地下也可放在地面，通过比较确定。

4. 灌水器

微灌灌水器安装在毛管上或是通过连接小管与毛管相连，水流通过灌水器进入土壤湿润作物。

灌水器的作用是把末级管道中的压力水流均匀稳定地分配到田间，满足作物对水分的要求。

微灌的灌水器有滴头、微喷头、涌水器和滴灌带（管）等多种形式，按其结构和水流的出流形式不同又可分成滴水式、漫射式、喷水式和涌泉式等，其相应灌水方法便称为滴灌、微喷灌和涌泉灌。

地表滴灌灌水器为滴头，常用形式有管间式滴头、微管滴头和孔口式滴头。此外，还有涡流型滴头和压力补偿型滴头等形式。

滴灌的另一类灌水器为滴灌管（带），常用于地表下滴灌。滴头与毛管制造成一整体，兼具配水和滴水功能的管称为滴灌管（带）。按滴灌管（带）的结构可分为内镶式和薄壁滴灌带两种。

微喷灌的灌水器为微喷头，微喷头是将压力水流以细小水滴喷洒在土壤表面的灌水器。单个微喷头的喷水量一般不超过 250 L/h，射程一般小于 7 m。按照结构和工作原理，微喷头分为射流式、离心式、折射式和缝隙式四种。

## 三、微灌灌水器

### （一）灌水器的种类与结构特点

按结构和出流形式不同灌水器的种类主要有滴头、滴灌带、微喷头、微喷带、涌水器、渗灌管等。

1. 滴头

通过流道或孔口将毛管中的压力水流变成滴状或细流状的装置称为滴头。其流量一般不大于 12 L/h。按滴头的压力补偿性能分为两种：

（1）非压力补偿滴头。

非压力补偿滴头是利用滴头内的固定水流流道消能，其流量随压力的提高而增大。

（2）压力补偿型滴头。

压力补偿型滴头的流量不随压力而变化。在水流压力的作用下，滴头内的弹性体

(片)使流道(或孔口)形状改变或过水断面面积发生变化,当压力减小时,增大过水断面积,压力增大时,减小过水断面积,从而使滴头出流量保持稳定,压力补偿滴头同时还具有自清洗功能,如图 4-2 所示。

图 4-2 压力补偿型滴头

2. 滴灌带(管)

滴头与毛管制造成一个整体,兼具配水和滴水功能的带(管)称为滴灌带(管)。按滴灌带(管)的结构可分为两种:

(1)内镶式滴灌带(管)

内镶式滴灌带(管)是在毛管制造过程中,将预先制造好的滴头镶嵌在毛管内的滴灌带(管)。内镶滴头有两种,一种是片式,另一种是管式,如图 4-3 所示。

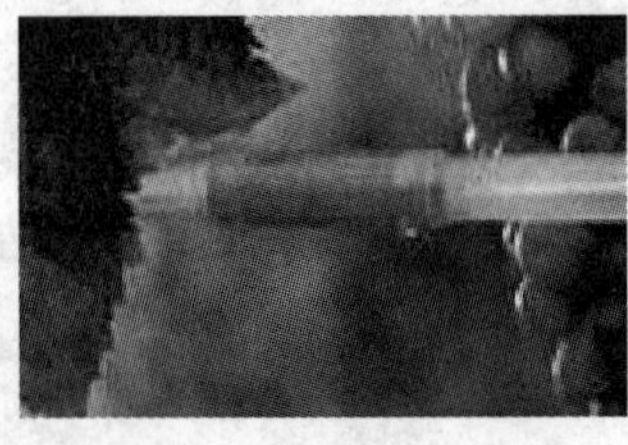

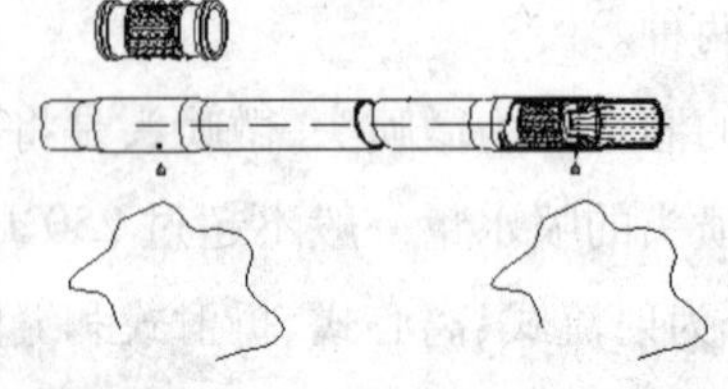

图 4-3 内镶式滴灌带(管)

(2)薄壁滴灌带

薄壁滴灌带为在制造薄壁管的同时,在管的一侧热合出各种形状的流道,灌溉水通过流道以滴流的形式湿润土壤,如图 4-4 所示。

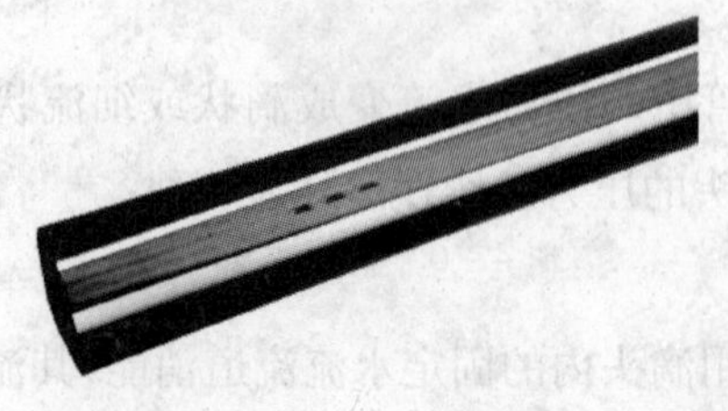

图 4-4 薄壁滴灌带

滴灌带也有压力补偿式与非压力补偿式两种。

3. 微喷头

微喷头是将压力水流以细小水滴喷洒在土壤表面的灌水器。单个微喷头的喷水量一般不超过250 L/h,射程一般小于7 m。按照结构和工作原理,微喷头分为旋转式、折射式、离心式和缝隙式四种。

(1)旋转式微喷头

水流从喷水嘴喷出后,集中成一束向上喷射到一个可以旋转的单向折射臂上,折射臂上的流道形状不仅可以使水流按一定喷射仰角喷出,而且还可以使喷射出的水舌反作用力对旋转轴形成一个力,从而使喷射出来的水舌随着折射臂作快速旋转。旋转式微喷头一般由三个零件构成,即折射臂、支架、喷嘴。旋转式微喷头有效湿润半径较大,喷水强度较低,由于有运动部件,加工精度要求较高,并且旋转部件容易磨损,因此使用寿命较短,如图4-5所示。

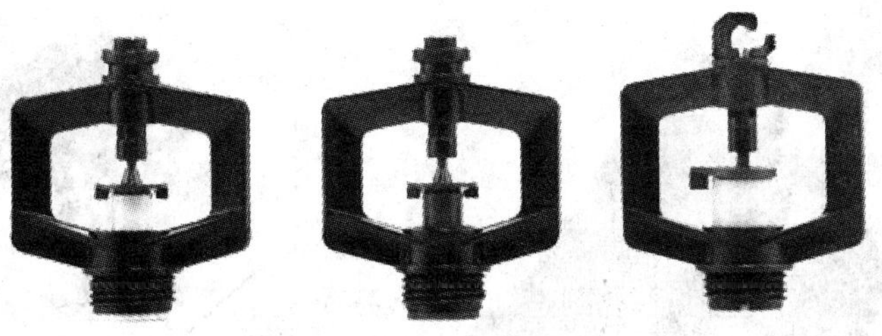

图4-5 旋转式微喷头

(2)折射式微喷头

折射式微喷头的主要部件有喷嘴、折射锥和支架,水流由喷嘴垂直向上喷出,遇到折射锥即被击散成薄水膜沿四周射出,在空气阻力作用下形成细微水滴散落在四周地面上。折射式微喷头的优点是水滴小,雾化高,结构简单,没有运动部件,工作可靠,价格便宜,如图4-6所示。

图4-6 折射式微喷头

4. 微喷带

微喷带又称多孔管、喷水带,是在可压扁的塑料软管上采用机械或激光直接加工出水小孔,进行微喷灌的设备,微喷带的工作水头100~200 kPa,如图4-7所示。

图 4-7　微喷带

5. 小管灌水器

小管灌水器是由小塑料管和接头连接插入毛管壁而成。它的工作水头低，孔口大，不容易被堵塞。在使用中，为增加毛管的铺设长度，减少毛管首末端流量的不均匀性，通常在小塑料管上安装稳流器，以保证每个灌水器流量的均匀性。这种稳流器在一定的压力范围内，出流量保持不变。目前，国内生产的稳流器的流量已形成系列化，图4-8所示为稳流器外形。

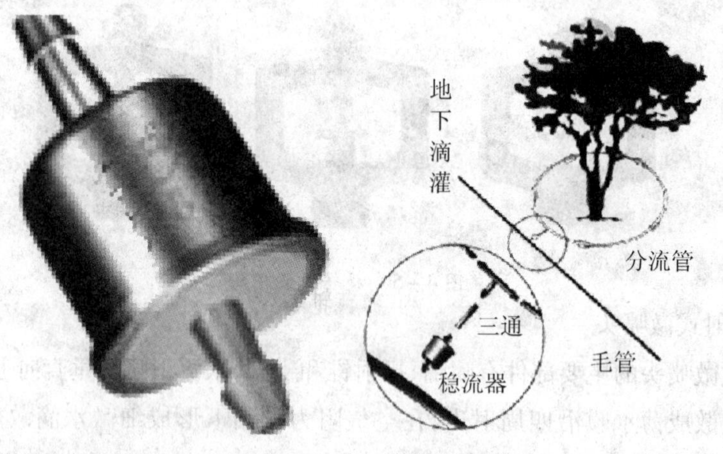


图 4-8　小管灌水器稳流器

6. 渗灌管

渗灌管是用大约 2/3 比例的废旧橡胶（多为旧轮胎）和 1/3 比例的 PE 塑料混合制成可以沿管壁向外渗水的多孔管。使用中常将渗灌管埋入地下，是非常省水的灌溉技术，如图 4-9 所示。

图 4-9　渗灌管

## 四、滴灌的毛管和灌水器布置形式

滴灌的毛管和灌水器布置有以下几种形式：

(1)单行毛管直线布置。毛管顺作物行向布置，一行作物布置一条毛管，滴头安装在毛管上，这种布置适用于窄行密植作物，如蔬菜和幼树。

(2)单行毛管带环状布置。对成龄果树滴灌时可沿一行树布置一条输水毛管，然后再转绕每棵树布置一根分毛管并在上面安装3~5个单出水口滴头。这种布置增加了毛管总长度。

(3)双行毛管平行布置。当滴灌高大作物时可采用此种布置。如灌果树可沿树两侧布置两条毛管，每株树的两边各安装2、3个滴头。

(4)单行毛管带微管布置。当使用微管滴灌果树时，每一行树布置一条毛管，再用一段分水管与毛管连接，在分水管上安装4~6条微管。这种布置减少了毛管用量，相应也减少了造价。

## 五、渗灌特点及类型

渗灌，即地下灌溉，是利用地下管道将灌溉水输入田间埋于地下一定深度的渗水管道或鼠洞内，借助土壤毛细管作用湿润土壤的灌水方法。

### 1.渗灌的优缺点

1)渗灌的主要优点：

(1)灌水后土壤仍保持疏松状态，不破坏土壤结构，不产生土壤表面板结，为作物能提供良好的土壤水分状况；

(2)地表土壤湿度低，可减少地面蒸发；

(3)管道埋入地下，可减少占地，便于交通和田间作业，可同时进行灌水和农事活动；

(4)灌水量省，灌水效率高；

(5)能减少杂草生长和植物病虫害；

(6)渗灌系统流量小，压力低，故可减小动力消耗，节约能源。

2)渗灌存在的主要缺点：

(1)表层土壤湿度较差，不利于作物种子发芽和幼苗生长，也不利于浅根作物生长；

(2)投资高，施工复杂，且管理维修困难；一旦管道堵塞或破坏，难以检查和修理；

(3)易产生深层渗漏，特别对透水性较强的轻质土壤，更容易产生渗漏损失。

### 2.渗灌的类型

1)地下水浸润灌溉

它是利用沟渠网及其调节建筑物，将地下水位升高，再借毛细管作用向上层土壤补给水分,以达到灌溉目的。灌溉时关闭节制闸门,使地下水位逐渐升高至一定高度,向上浸润土壤。平时则开启闸门,使地下水位下降到原规定的深度,以防作物遭受渍害,使土壤水分保持在适于作物生长的状态。

2)地下渗水暗管(或鼠洞)灌溉

通过埋设于地下一定深度的渗水暗管(鼠洞),使灌溉水进入土壤,并主要借毛细管作用向四周扩散运移,进行灌溉。

## 六、渗灌技术参数

渗灌的技术要素主要包括管道的埋设深度和灌水定额以及管道间距、长度和坡度等。

(1)渗水管的埋设深度

渗水管的埋深,主要取决于土壤性质、作物种类和耕作情况及冻土层深度等因素,应使灌溉水能借毛细管作用上升湿润表层土壤,而深层渗漏又最小。不同土质的渗水管适宜埋深:壤土为 50 cm,黏土为 45 cm,砂土为 40 cm。依各种作物根系的要求,棉花主根系分布在 45 ~ 65 cm,故渗水管埋深以 40 cm 为宜;葡萄和果树等根系分布较深,渗水管宜埋深为 40 ~ 50 cm。依机耕要求,渗水管埋深一般应在 40 cm 以下,以免被深耕机具工作时破坏。

(2)渗水管的间距

渗水管的间距,主要取决于作物行距、土质和供水压力,也与管径和埋深有关,并应满足土壤湿润均匀的要求,对密植作物应使相邻两条渗水管道的湿润曲线有一定的重叠。

一般砂性土中的管距较小,大约为 1.5 m 左右;壤土和黏性土中的管距较大,一般为 2.0 m 左右。有压渗水管间距可达 2.4 m,无压渗水管间距一般为 2 ~ 3 m。若渗水管下有不透水层时,管距可加大。管径大,供水流量大时,管距亦应加大。

(3)渗水管的长度和坡度

适宜的渗水管长度应使渗水管首尾两端土壤湿润均匀,而渗漏损失最小。它与渗水管的坡度、供水压力、流量大小和渗水情况等有关。目前我国采用的渗水管长度,无压供水时为 50 ~ 80 m,有压供水时为 80 ~ 120 m。

渗水管的坡度应基本上与地面坡度保持一致。无压供水时适宜的渗水管坡度为 0.001 ~ 0.004;有压供水时,要视地面坡度而定,但要保证沿渗水管长度上各点的土壤湿润均匀,且各点的水流不致溢出地面。

(4)渗水管的工作压力

渗水管有压供水时,管道长度和间距大,土壤湿润速度快,管理方便。因此,一般都采用有压供水方式,但压力不可过大,以免引起深层渗漏或水流溢出地面。一般渗水管的工作压力(压力水头)以控制在0.4~1.2 m为宜。

(5)渗灌的灌水定额。

渗灌灌水定额主要取决于土壤性质和计划湿润土层深度,一般应使相邻两条渗水管间的土层得到足够的湿润,而又不发生深层渗漏为准。据国内外经验,有压供水时的适宜灌水定额,砂土为210~345$m^3/hm^2$;壤土为303~375 $m^3/hm^2$;黏土为375~450 $m^3/hm^2$。无压供水时,易产生深层渗漏,灌水定额应适当减小。

(6)渗水管的灌水流量。

当灌水定额和渗水管的间距和长度确定以后,则可按下式计算每条渗水管所需要的入管流量

$$Q=\frac{mbL}{10^4\times 3.6t}$$

式中:$Q$为渗水管流量(L/s);$m$为灌水定额($m^3/hm^2$);$b$为渗水管间距(m);$L$为渗水管长度(m);$t$为一次灌水的延续时间(h),应根据试验确定,一般以不超过24 h为宜,若超过36 h,深层渗漏严重。

## 七、首部枢组

### (一)取水阀

一般起打开取水和闭合断水作用,常用的取水阀类型有闸阀、蝶阀、球阀等。材质有铸铁、钢质、塑料等。这些阀门参数都有标准可循,下面是微灌工程中一些常用的取水阀。

#### 1. 闸阀

这种阀门具有开启和关闭力小,对水流的阻力小,并且水流可以两个方向流动等优点,但结构比较复杂。50 mm以上的阀门多用法兰连接,50 mm以下的阀门用螺纹连接。

闸阀的闸板随阀杆一起作直线运动的,亦叫明杆闸阀。通常在升降杆上有梯形螺纹,通过阀门顶端的螺母以及阀体上的导槽,将旋转运动变为直线运动,也就是将操作转矩变为操作推力。开启阀门时,当闸板提升高度等于阀门通径的1:1倍时,流体的通道完全畅通,但在运行时,此位置是无法监视的。实际使用时,是以阀杆的顶点作为标志,即开不动的位置,作为它的全开位置。为考虑温度变化出现锁死现象,通常在开到顶点位置上,再倒回1/2~1圈,作为全开阀门的位置。因此,阀门的全开位置,按闸板的位置(即行程)来确定。有的闸阀阀杆螺母设在闸板上,手轮转动带动阀杆转动,而使闸板提升,这种阀门叫做旋转杆闸阀或叫暗杆闸阀。

#### 2. 蝶阀

蝶阀又叫翻板阀,是一种结构简单的调节阀,可用于低压管道介质的开关控制

的蝶阀是指关闭件(阀瓣或蝶板)为圆盘,围绕阀轴旋转来达到开启与关闭的一种阀,阀门可用于控制空气、水、蒸汽、各种腐蚀性介质、泥浆、油品、液态金属和放射性介质等各种类型流体的流动。在管道上主要起切断和节流作用。蝶阀启闭件是一个圆盘形的蝶板,在阀体内绕其自身的轴线旋转,从而达到启闭或调节的目的。

3.球阀

球阀在微灌系统中应用广泛,主要用在支管进口处。球阀构造简单,体积小,对水流的阻力也小,缺点是如果开启动作太快会在管道中产生水锤。因此在微灌系统的主干管上不宜采用球阀,但可在干、支管末端装上球阀作冲洗之用,其冲洗排污效果好。

**(二)止回阀**

也叫逆止阀或单向阀,水流只能沿一个方向流动。当切断水流时,用于防止含有肥料的水倒流进水源,还可防止水流倒流引起水泵叶轮倒转,进而保护水泵。

**(三)进排气阀**

也叫空气阀,一般安装在微灌系统的最高处,用于放出管网中积累的空气,防止管道发生震动破坏,或在系统需要泄水时,起到进气作用。

**(四)量测装置**

主要有水表、压力表等。

1.水表

微灌工程中常用水表来计量管道输水流量大小和计算灌溉用水量的多少。水表一般安装在首部枢纽中过滤器之后的干管上。设计时,根据微灌系统的设计流量大小、选择大于或接近额定流量的水表为宜,绝不能单纯以输水管径大小来选定水表口径,否则,容易造成水表的水头损失过大。

微灌工程中常用的水表有旋翼式水表和螺翼式水表两种。这两种水表的外形、工作水温、允许最大工作压力基本相同,不同之处主要在于:在同样口径个工作压力条件下,螺翼式水表通过的流量比旋翼式水表大1/3左右,且水头损失和水表体积都比旋翼式小。

2.压力表

微灌系统中经常使用弹簧管压力表测量管路中的水压力。压力表内有一根椭圆形截面的弹簧管,管的一端固定在插座上并与外部接头相通,另一端封闭并与连杆和扇形齿轮连接,可以自由移动。当被测液体进入弹簧内时,在压力作用下弹簧管的自由端产生位移,这位移使指针偏移,指针在度盘上的指示读数就是被测液体的压力值。测正压力的表称为压力表,测负压力的表称为真空表。

### (五)施肥器

微灌系统中常用的施肥装置有压差式施肥罐、文丘里施肥器、比例自动施肥泵等。

#### 1. 压差式施肥罐

压差式施肥罐由储液罐、进水管、出水管、调压阀等几部分组成。如图4－10所示,压差式施肥罐施肥工作原理与操作过程是待微灌系统正常运行后,首先把可溶性肥料或肥料溶液装入储液罐1内,然后把罐口封好,关紧罐盖。接通输液管7并打开其上的阀门6,再接通进水管2并打开阀门4,此时肥料罐的压力与灌溉输水管道的压力相等。为此关小微灌输水管道上的施肥调压阀门5,使其产生局部阻力水头损失,使阀后输水管道内压力变小,阀前管道内压力大于阀后管道压力,形成一定压差(根据施肥量要求调整该阀),使罐中肥料通过输肥管进入阀后输水管道中,又造成化肥罐压力降低,因而阀前管道中的灌溉水即由供水管2进入化肥罐内,而罐中肥料溶液又通过输液管进入微灌管网及所控制的每个灌水器,如此循环运行,化肥罐内肥料浓度降至接近零时,即需重新添加肥料或肥溶液,继续施肥。

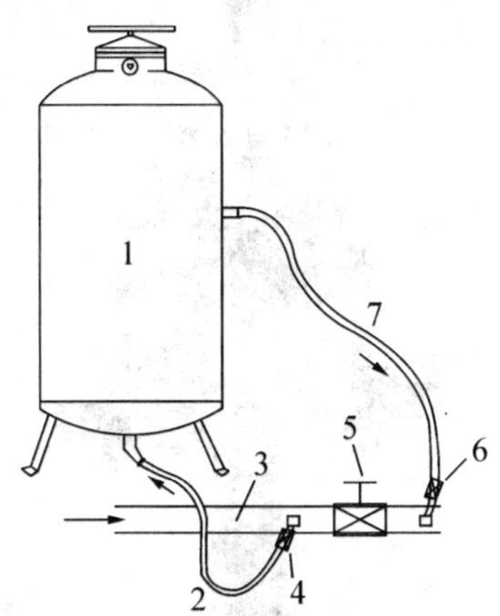


1－储液罐;2－进水管;3－输水管;4－阀门;5－调压阀门;6－供肥液管阀门;7－供肥液管

图4－10　压差式施肥罐

压差式施肥罐的优点是加工制造简单,成本较低,不需外加动力设备。缺点是溶液浓度变化大,无法实时控制。罐体容积有限,添加肥料次数频繁且较麻烦,输水管道因设有调压阀而调压造成一定的水头损失。

#### 2. 文丘里施肥器

文丘里施肥器可与开敞式肥料罐配套组成一套施肥装置。其构造简单,造价低廉,使用方便,主要适用于小型微灌系统。文丘里施肥器的缺点是如果直接装在骨干管道上注入肥料,则水头损失较大,这个缺点可以通过在管路中并联一个文丘里器来克服,构造如图 4 - 11 所示。

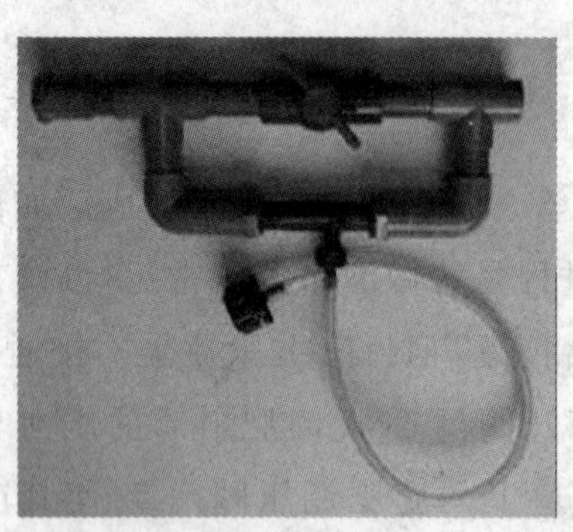

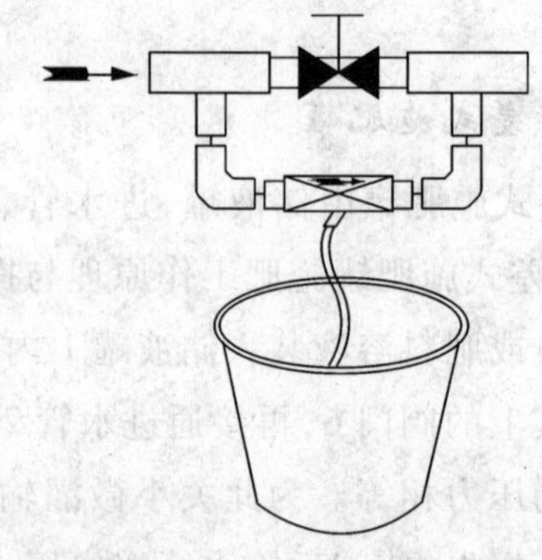

图 4 - 11　文丘里施肥器

3. 比例施肥泵

比例施肥泵的特点:不用电驱动,以水压作动力,肥料的溶液剂量与进入设备的水量严格成比例,无论流经管路的流量和压力变化如何,注入的溶液剂量总是与流经水管的水量成比例,外部可灵活调节比例。外形如图 4 - 12 所示。

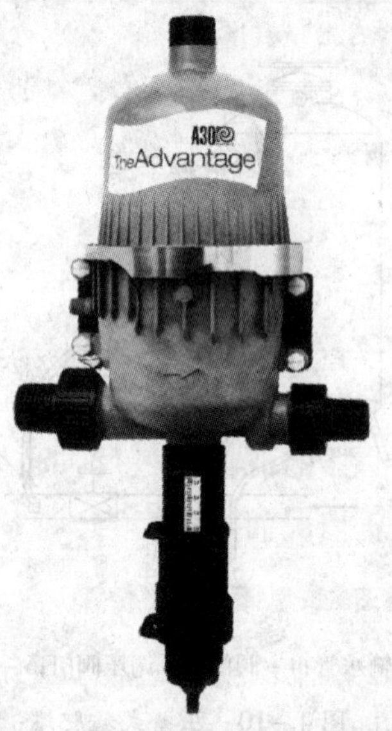


图 4 - 12　比例施肥泵

## (六)过滤器

微灌技术要求灌溉水中不含造成灌水器堵塞的污物和杂质,而实际上任何水源,如湖泊、库塘、河流和沟溪水中,都有不同程度含有污物和杂质,即使是水质良好的井水,也会含有一定数量的砂粒和可能产生化学沉淀的物质。因此对灌溉水进行严格的过滤是微灌工程中首要的步骤,是保证微灌系统正常运行、延长灌水器使用寿命和保证灌水质量的关键措施。

微灌系统中常用的过滤设备有砂石过滤器、离心过滤器、筛网过滤器、叠片式过滤器等。在选配过滤设备时，主要根据灌溉水源的类型、水中污物种类、杂质含量等，同时考虑所采用的灌水器的种类、型号及流道端面大小等来综合确定。

1. *砂石过滤器砂石过滤器选型参数见表* 4－1

主要用于水库、塘坝、沟渠、河湖及其他开放水源。可分离水中的水藻、漂浮物、有机杂质及淤泥。

过滤原理：砂石过滤器是通过均质颗粒层进行过滤的，其过滤精度视砂粒大小而定。过滤过程为水从壳体上部的进水口流入，通过在介质层孔隙中的运动向下渗透，杂质被隔离在介质上部。过滤后的净水经过过滤器里面的过滤元件进入出水口流出，即完成水的过滤过程。选用时，可以单独使用，也可和其他过滤器组合使用。

**表 4－1 砂石过滤器选型参数表（参考）**

| 规格型号 | 连接接口 | 流量/($m^3 \cdot h^{-1}$) | 外形尺寸/mm | 重量/kg |
|---|---|---|---|---|
| 50mm | 50 螺纹 | 5～17 | 600×800×1520 | 120 |
| 80mm | 80 法兰 | 10～35 | 950×2 200×2 100 | 250 |
| 100mm | 100 法兰 | 30～70 | 1 900×2 200×2 100 | 480 |
| 150mm | 150 法兰 | 50～100 | 2 600×2 200×2 100 | 780 |
| 200mm | 200 法兰 | 80～140 | 3 300×2 200×2 100 | 1 150 |

使用中应注意事项：要严格按设计流量使用，因过大的流量可造成砂床流道效应，导致过滤精度下降；过滤器的清洗通过反冲洗装置进行，砂床表面的最污染层，应用干净砂粒代替，视水质情况而定，一年处理 1～4 次。

2. *离心过滤器离心过滤器选型参数见表* 4－2

离心过滤器主要用于含砂水流的初级过滤，可分离水中的砂子和石块。在满足过滤要求的条件下，分离效果：60～150 目砂石 98%～92%，离心过滤器选型参数见表 4－2。

过滤原理：此类过滤器基于重力及离心力的工作原理，清除重于水的固体颗粒。水由进水管切向进入离心过滤器体内，旋转产生离心力，推动泥砂及密度较高的固体颗粒沿管壁移动，形成旋流，使砂子和石块进入集砂罐，净水则顺流沿出水口流出，即完成水砂分离。过滤器需定期进行排砂清理，时间按当地水质情况而定。

表 4－2 离心过滤器选型参数表(参考)

| 规格型号 | 连接接口 | 流量/($m^3 \cdot h^{-1}$) | 外形尺寸/mm | 重量/kg |
|---|---|---|---|---|
| 25mm | 25 螺纹 | 1～8 | 420×250×550 | 9 |
| 50mm | 50 螺纹 | 5～20 | 500×300×830 | 21 |
| 80mm | 80 法兰 | 10～40 | 800×500×1 320 | 51 |
| 100mm | 100 法兰 | 30～70 | 950×600×1 700 | 90 |
| 125mm | 125 法兰 | 60～120 | 1 350×1 000×2 400 | 180 |
| 150mm | 150 法兰 | 80～160 | 1 400×1 000×2 600 | 225 |

使用中注意事项：离心过滤器在开泵和停泵的工作瞬间，由于水流失稳，影响过滤效果，因此，常与网式过滤器同时使用效果更佳；在进水口前应安装一段与进水口等径的直通管，长度是进水口直径的10～15倍，以保证进水水流平稳。

3. 筛网过滤器筛网过滤器选型参数见表4－3

筛网过滤器是一种简单而有效的过滤设备，造价也较为便宜，在国内外的微灌系统中使用最为广泛。

筛网过滤器的种类繁多。如果按安装方式分，有立式与卧式两种；按制造材料分，有塑料和金属两种；按清洗方式分又有人工清洗和自动清洗两种；按封闭与否分类则有封闭式和开敞式两种。筛网过滤器主要由进水口、滤网、出水口和排污冲洗口等几部分组成，安装时应注意水流方向与过滤器的安装方向一致。如图4－13所示。

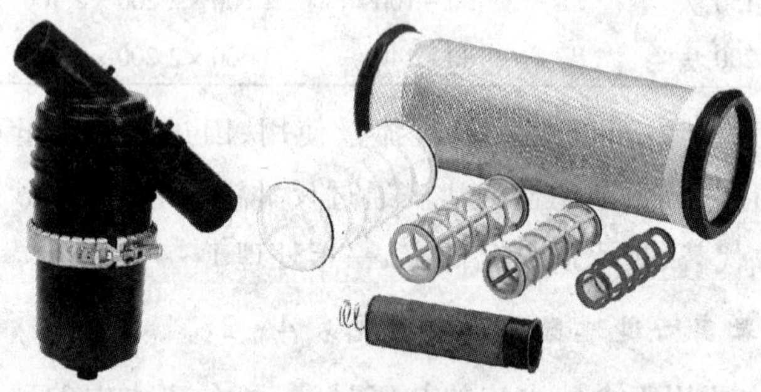

图 4－13 筛网过滤器

表 4－3 筛网过滤器选型参数表(参考)

| 规格 | 最大过流量/($m^3 \cdot h^{-1}$) | 最大承压/kPa |
|---|---|---|
| 25 mm (1") | 5 | 800 |
| 32 mm (11/4") | 10 | 800 |
| 40 mm (11/2") | 10 | 800 |
| 50 mm (2") | 20 | 800 |
| 80 mm (3") | 50 | 800 |

筛网过滤器主要用于过滤灌溉水中的粉粒、砂和水垢等污物，尽管它也能用来过滤含有少量有机污物的灌溉水，但有机物含量稍高时过滤效果很差，尤其是当压力较大时，大量的有机污物会“挤”透过滤网而进入管道，造成微灌系统与灌水器的堵塞。

4. 叠片过滤器

叠片过滤器的外形与筛网过滤器基本相同，主要不同在于过滤芯不同，叠片过滤器是由数量众多的片状滤片叠在一起组成，每片滤片上有流道，水从两个滤片之间的“缝隙”穿过，污物挡在滤片外周，从而达到过滤作用。

## 八、管道及附件

微灌系统绝大多数使用塑料管道，常用的有聚氯乙烯（PVC）、聚丙烯（PP）和聚乙烯（PE）管。在首部枢纽、穿路、高架等特殊情况也使用一些其他管道，如镀锌钢管等。

### （一）聚氯乙烯（PVC）塑料管

根据我国塑料工业的发展，水利部颁布了行业标准 SL/T96.1—94《喷灌用塑料管基本参数及技术条件——硬聚氯乙烯管》，将聚氯乙烯（PVC）管材的使用压力分为 0.25、0.4、0.63、1.00、1.25MPa 级。

聚氯乙烯管的管道连接主要有专用黏结剂连接和止水圈承插连接两种，一般情况下，管径小于 90 mm 的用黏结剂连接，大于 90 mm 的用止水圈承插连接。

聚氯乙烯管的管件有：阀门、三通、90 度弯头、45 度弯头、直通、变径直通、堵头、内丝接头、法兰盘、活接头、伸缩节、专用黏结剂等。

### （二）聚丙烯（PP）管

聚丙烯管是采用共聚聚丙烯，经挤出工艺生产的管材。行业标准为 SL/T96.2—94《喷灌用塑料管基本参数及技术条件——聚丙烯管》。压力等级为 0.25、0.4、0.63 Mpa 和 1.00 Mpa 级。

### （三）聚乙烯（PE）管

聚乙烯管是聚乙烯树脂，经挤出工艺生产的管材。依据树脂的密度，聚乙烯管可分为低密度聚乙烯管、中密度聚乙烯管和高密度聚乙烯管。

低密度聚乙烯管具有加工方便和可缠绕运输，易于打孔和连接，因而在微灌系统中广泛应用于支管、毛管，用量往往很大。微灌系统毛管一般置于地面，对聚乙烯管材的抗老化、抗晒、抗磨性能提出了很高的要求。

对于聚乙烯管，目前采用 SL/T96.2—94《喷灌用塑料管基本参数及技术条件——低密度聚乙烯管》，工作压力等级分为 0.25 MPa 和 0.40 MPa。

## ☆思考题☆

1. 微灌在国内外的发展现状如何?

2. 微灌的特点有哪些?

3. 常用的微灌技术参数有哪些?

4. 微灌系统如何进行分类?

5. 阐述微灌系统组成。

6. 常见微灌过滤装置有哪些?

7. 常见微灌施肥、施药装置有哪些?

8. 微灌附属建筑物及附属设备有哪些?

# 任务二　微灌工程规划设计

## ☆任务描述☆

根据农业中常见微灌工程,能阐述微灌工程特点及设计施工内容;微灌工程的工程技术要素;计算各种水力参数,确定微灌系统布置形式;微灌工程的规划设计、设备选型与应用、施工、运行管理。

**【资讯】**教师以市场岗位调研、生产实践经验、经济社会需求等方面引入教学任务内容,进行知识点讲解与技能训练分解,并下达工作任务。

**【计划与决策】**学生在熟悉微灌工程规划设计相关知识点的基础上,查阅资料收集信息,进行工作任务构思,师生针对工作任务的有关问题及解决方法进行答疑、交流,明确思路。

**【实施】**学生在教师辅导下,按照计划分步实施,进行知识点理解和技能训练。

**【检查与评价】**为确保工作任务保质保量完成,在任务的实施过程中进行学生自查、学生互查、教师检查。

## ☆资料☆

微灌工程规划设计,即规划设计参数的确定等问题以《微灌工程技术规范 SL103—95》、《微灌工程设计手册》为标准,具体参看资料,现仅举两例探讨。

# 例一 滴灌技术规划设计实训

## 一、滴灌示范区基本概况

### (一)区域位置及自然条件

(1)气候条件。示范区位于东北地区。气候条件是十年九旱,由于时空分布不均,春季3~6月降雨量为25 mm左右,属于季节性干旱少雨,7、8月为雨季,降雨量偏多,有时可近350~400 mm,年平均温度为4.5℃,5~9月日照数近1 200 h,无霜期为136 d。

(2)地形条件。测量坡度分别为1.5°和1°,地形北高南低,东高西低,为缓坡耕地,地势基本平坦。示范区耕地面积约53.33 $hm^2$。设计采用滴管设备进行灌溉,滴灌区耕地为南北走向。

(3)土质条件。示范区的土质属于黏壤质淋溶黑钙土。在0~50 cm深,土壤的水分物理值为容量1.13 $g/cm^3$,相对密度2.55,孔隙度53.9%,田间持水量26.3%;土壤肥力;速效氮95.8 mg/kg,速效磷22.5 mg/kg。冻层深1.8 m。

### (二)示范区计划种植蔬菜

示范区建成后全部土地种菜,其品种有黄瓜、柿子、豆角、地膜土豆等。为了提前上市,取得较好的经济效益,拟采用人棚育苗、移栽到田的栽培方法。蔬菜株距为0.3 m,行距为0.4 m,将原垄沟间距0.68 m小垄改为垄沟间距0.9 m大垄。采用在垄双行栽培方式,增加蔬菜株数,提高单产。滴灌方案采用大垄双行中间铺毛管,比小垄单行铺设毛管减少毛管数量1/2,降低了设备投资。

### (三)耕作方式

示范区采用机耕轮翻耕作制度,每年深松、翻地、打大垄一次,用机械或人工移栽菜苗,用滴灌设备施肥、施药灭虫,增加土壤肥力,减少病虫害发生。

### (四)现有排灌技术

示范区内现有3眼机井,动水位于25 m左右,单井出水量可达到50 $m^3/h$,安装250QJ50-50潜水电泵(流量50 $m^3/h$,扬程50 m)2台和150QJ32—36潜水电泵(流量32 $m^3/h$,扬程36 m)1台,全部用于农田灌溉,人畜饮水由自来水供应。现有井位均在示范区地块外,安装输水管道较长,增加了管道投资和运行成本。

## 二、工程设计参数的确定

### (一)典型水文年的确定

灌溉用水量随着年降雨量及其分配情况而变。因此,各年灌溉用水量并不一样,一般以干旱年频率在85%~90%作为典型水文年,以它作为计算灌溉用水量的依据。本示范区属于大陆性气候,十年九旱,雨量偏少,由于时空分布不均,4~6

月平均降雨量为20 mm，平均日降雨量为0.66 mm，在春季移栽蔬菜，生长发育时期，完全靠灌溉补水。示范区属于高岗缓坡地形，地下水位较深，地下水补给困难，尤其示范区种菜改为大垄双行种植后，比小垄单行种植增加蔬菜株数，蔬菜需水量显著增加。在蔬菜苗期和生长发育期，地面覆盖率低，水分蒸发量增加。因此，蔬菜生长过程所需水分全靠滴灌供给，鉴于上述原因，以严重干旱年蔬菜需水量作为典型水文年灌溉用水量计算依据。

### （二）滴灌条件下的作物需水量

参照作物蒸发量计算需水量（主要用蔬菜本身生理腾耗）：

$$E_c = K_c E_o$$

式中：$E_c$——估算作物需水量，mm/d；

$K_c$——作物系数，在干旱气候条件下，各种蔬菜系数 = 1.15；

$E_o$——参照作物腾发量，mm/d，示范区干燥年份 = 6～7 mm/d，取6.5 mm/d计算。

计算得：

$$E_c = K_c E_o = 1.15 = 6.5 = 7.48\ \text{mm/d} \approx 7.5\ \text{mm/d}$$

计算结果符合查到的有关资料，根据不同条件下土壤水分消耗表中的数据，在干燥气候条件下，土壤水分消耗最大速率为7.6 mm/d。

另外，在有关资料中查到，蔬菜在需水旺季日平均耗水量为4～8 mm/d。

### （三）滴灌的耗水强度与灌溉补充强度

#### 1. 耗水强度

作物的耗水量仅与作物对地面遮阴率大小有关，其耗水强度（日耗水量）为：

$$E_a = K_\gamma E_c$$

$$K_\gamma = G_c/0.85$$

式中：$E_a$——滴灌作物耗水强度，mm/d；

$K_\gamma$——作物遮阴率对耗水量的修正系数，若计算出的数值大于1，取$K_\gamma$ = 1；

$G_c$——作物遮阴率，随作物种类和生育阶段不同而变化，对蔬菜为0.8～0.9，取$G_c$ = 0.8。

计算得：$K_\gamma = 0.8/0.85 = 0.94$

$$E_a = K_\gamma E_c = 0.94 \times 7.5 = 7.05\ \text{mm/d} \approx 7\ \text{mm/d}$$

#### 2. 灌溉补充强度

灌溉补充强度是保证作物生长必须有滴灌提供的水量，是确定滴灌工程规模和指导系统运行管理的依据。

$$I_a = E_a - P - S$$

式中：$I_a$——滴灌的灌溉补充强度，mm/d；

$E_a$——灌溉作物耗水强度，mm/d；

$P$——有效降水量。mm/d，示范区 4～6 月有效降雨量为 20～30 mm，若取 30 mm。日平均有效降雨量为 1 mm；

$S$——根层土壤或地下水补给水量，mm/d，在干旱年降雨量很少，蔬菜根系浅，地下水很深，不能补水为 0。

计算得：

$$I_a = E_a - P - S = 7 - 1 - 0 = 6 \text{ mm/d}$$

**（四）滴灌的土壤湿润化**

滴灌条件下的土壤湿润比，常以地面下 20～30 cm 处的湿润面积占灌水面积的百分比表示。示范区种植蔬菜，采用大垄（0.9 m）双行种植方式，毛管布置在蔬菜两行之间，蔬菜株距一般为 0.3 m，行间距为 0.4 m。因此，其属于单行直线毛管布置，毛管间距为 0.9 m，灌水器流量为 2.4 L/h，灌水器间距为 0.3 m，蔬菜土壤为黏壤质淋溶黑钙土。

单行直线毛管布置土壤湿润比计算公式为：

$$P = \frac{0.78D_\omega^2}{S_e S_1} \times 100\%$$

式中：$P$——土壤湿润比，%；

$D_\omega$——土壤水分水平扩散直径，亦称湿润带宽度，m；

$S_e$——滴头（或出水点）间距，m，取 = 0.3 m；

$S_l$——毛管间距，m，取 $S_l$ = 0.9 m。

查土壤湿润比 $P$ 值表：$P$ = 100%。

为降低投资和运行成本，在北方干旱和半干旱地区设计土壤湿润比，对蔬菜和大田密植作物取 70%～90%。

**（五）灌溉均匀度的确定**

为了保证滴灌的灌水质量，要求灌水均匀度达到一定要求。在设计灌水均匀度时如果考虑水力影响因素，滴灌的灌水均匀度可以用克里斯琴森（Christiansen）均匀系数表示。滴灌的均匀系数与灌水器流量偏差率的关系见表 4－4。

**表 4－4 $C_u$ 与 $q_v$ 的关系**

| $C_u$/（%） | 98 | 95 | 92 |
|---|---|---|---|
| $q_v$/（%） | 10 | 20 | 30 |

本示范区选内嵌迷宫式滴灌管，属于长流道消耗式灌水器，它属于全紊流灌

水器，流态指数 $x=0.5$，出水量不受水温变化的影响。

根据下式计算工作水头偏差率得：

$$H_v = \frac{1}{\chi}q_v(1+0.12\frac{1-\chi}{\chi}q_v) = \frac{0.2}{0.5}\times(1+0.12\times\frac{1-0.5}{0.5}\times0.2) = 0.41$$

由计算结果可看出，当滴头流量一定时，工作水头偏差率较大。因此，在计算出最大毛管安装长度的基础上，还可适当加长毛管长度，以满足工作水头偏差率要求。

**(六)灌溉水有效利用率的确定**

由于滴灌的水量损失很小，故滴灌的灌水有效利用系数就高。

**(七)灌水器设计工作水头确定**

灌水器的工作水头越高，灌水均匀度越高，系统的运行费用越大。滴灌通常选10 m 水头灌水器。

**(八)毛管允许最大长度计算**

在特定条件下，为满足设计灌水均匀度要求，计算毛管允许最大使用长度，利用该计算长度布置管网，可以减少设备投资。

当地形坡度为零时，水温(t = 10℃)，毛管允许最大出口数按下式计算：

$$N_m = (\frac{5.533D^{4.75}h_dH_v}{KS_eq_d^{1.75}})^{0.3636} + 0.52$$

式中：$N_m$——毛管允许最多出口数，个；

$D$——毛管内径，mm，壁厚1.15 mm，毛管外径选 $\phi$16 mm，毛管内径为13.7 mm；

$h_c$——灌水器的工作水头，m；

$H_v$——工作水头偏差率，D；

$K$——局部水头损失加大系数，毛管 = 1.05 ~ 1.3，取 = 1.1；

$S_e$——毛管出水口间距，m；

$q_d$——灌水器设计流量，mm。

计算得：

$$N_m = (\frac{5.533\times13.7^{4.75}\times10\times0.41}{1.1\times0.3\times2.4^{1.75}})^{0.3636} + 0.52 = 245.5\text{(个)}$$，取 $N_m = 245$ 个。

毛管允许最大使用长度公式为：

$$L_m = (N_m - 1)S_eS_0$$

式中：$L_m$——毛管允许最大使用长度，m；

$S_e$——毛管出水口间距，m，$S_e = 0.3$ m；

$S_0$——毛管进水口至第一个出水口的距离，m，$S_0 = 0.3$m。

计算得：

$$L_m = (N_m - 1)S_e S_0 = (245 - 1) \times 0.3 + 0.3 \approx 74\ (\mathrm{m})$$

## 三、水力计算

### (一)滴灌毛供水强度

滴灌毛供水强度公式为：

$$I_g = \frac{I_a}{\eta_{水}}$$

式中：$I_g$——滴灌毛供水强度，mm/d；

$I_a$——滴灌补充供水强度，mm/d，计算得 = 1.6 mm/d；

$\eta_{水}$——灌水利用系数，$\eta_{水} = 0.9 \sim 0.95$，取 $\eta_{水} = 0.95$。

计算得：

$$I_a = 6/0.95 = 6.32\ \mathrm{mm/d}$$

灌溉总供水量公式为

$$W = 10 I_g A$$

式中：$W$——灌溉总供水量，

$I_g$——灌溉毛供水强度

$A$——灌水面积，$\mathrm{hm}^2$，示范区灌溉面积总计 800 亩（53.33 $\mathrm{hm}^2$）。

计算得：

$$W = 10 I_g A = 10 \times 6.32 \times 53.33 = 3370.46\ \mathrm{m^3/d}$$

### (二)用水平衡计算

示范区全部采用井水灌溉，一般情况下，井的出水量较稳定，但干旱季节动水位下降。用水平衡计算主要核实井水出水量是否满足灌溉要求，井水可灌溉面积由下式求出：

$$A = \frac{Q_{井}\, t}{10 E_{amax}}$$

式中：$a$——井水可灌溉面积，$\mathrm{hm}^2$；

$Q_{井}$——水井出水量，50 $\mathrm{m^3/h}$；

$t$——水井每天抽水小时数，h，每天工作 12 h；

$E_{amax}$——月平均作物耗水量峰值，mm/d，蔬菜 $E_{amax} = 8$ mm/d。

计算得：

$$A = \frac{Q_{井}\, t}{10 E_{amax}} = \frac{50 \times 12}{10 \times 8} = 7.5\ \mathrm{hm}^2$$

示范区要有4眼井供水,每天可灌溉面积29.87 $hm^2$。为了节省打井投资,采用每两天轮灌1次,可灌溉面积53.33 $hm^2$。从计算结果看出,4眼井供水可满足示范区供水要求。

## 四、微灌灌溉制度的确定

### (一)一次灌水量计算

$$I = \frac{\beta(F_d - W_o)}{1\ 000} ZP$$

式中:$I$——次灌水量(灌水定额),mm;

$\beta$——土壤中允许消耗的水量占土壤有效水量的百分比,%;

$F_d - W_o$——土壤中保持的有效水分数量,%;

$Z$——滴灌土壤计划湿润层深度,m,对于蔬菜 $Z = 0.2 \sim 0.3$ m,取 $Z = 0.3$ m;

$P$——滴灌土壤计划湿润比,%,蔬菜为70%~90%,取80%。

求得:

$$I = \frac{\beta(F_d - W_o)}{1\ 000} ZP = \frac{60 \times 9 \times 0.3 \times 80}{1\ 000} = 12.96 \text{ mm}$$

### (二)灌水时间间隔的确定

两次灌水之间的时间间隔又称灌水周期,公式为:

$$T = \frac{I}{E_a}$$

式中:$t$——灌水周期,d;

$I$——一次滴灌供水量,mm;

$E_a$——滴灌作物耗水量,mm/d。

计算求得:

$$T = \frac{I}{E_a} = \frac{12.96}{6} = 2.16 \text{ d} \approx 2 \text{ d}$$

### (三)一次灌水延续时间的确定

$$t = \frac{IS_eS_l}{\eta q}$$

式中:$t$——一次灌水延续时间,h;

$I$——一次滴灌用水量,mm;

$S_e$——灌水器间距,m,$S_e = 0.3$ m;

$S_l$——毛管间距,m,$S_l = 0.9$ m;

$\eta$——灌溉水利用系数,$\eta = 0.9 \sim 0.95$,取 $\eta = 0.95$;

$q$——灌水器流量,L/h,=2.4 L/h。

求得：

$$t = \frac{IS_eS_l}{\eta q} = \frac{12.96 \times 0.3 \times 0.9}{0.95 \times 2.4} = 1.53\ \text{h}$$

### (四)灌水次数与灌水总量

1. *灌水次数*

东北蔬菜5月份移栽到地，7月中旬雨季到后不再灌水，每两天灌一次，需灌水40次。

2. *灌水总量*

$$m = \sum M_i$$

式中：M——作物全生育期(一年)灌水总量，$m^3$；

$M_i$——各次灌水用量，$m^3$。

示范区4眼井供水，每眼井供水量为50 $m^3/h$，每天10 h示范区每天供水2 000 $m^3$，一年供水40次。

计算得：灌水总量 $M = 8 \times 10^4\ m^3$

### (五)滴灌系统工作制度的确定

示范区灌溉面积较大，为了减少滴灌系统投资，提高设备利用率，增加灌溉面积，采用轮灌工作制度。

轮灌组数目的确定，对于固定式系统：

$$N \leqslant \frac{CT}{t}$$

式中：$N$——允许轮灌最大数目，取整数；

$C$——一天运行的小时数，一般为12～20 h；

$T$——灌水时间间隔(周期)，d；

$t$——一次灌水延续时间，h。

求得：

$$N \leqslant \frac{CT}{t} = \frac{12 \times 2}{1.53} = 15.7 \approx 16$$

## 五、滴灌系统布置方案的说明

滴灌系统布置主要包括首部枢纽位置、灌溉面积和管道系统布置。

滴灌示范区总滴灌面积为41.99 $hm^2$，根据毛管允许的最大使用长度要求，以井位为单位不知滴灌系统。考虑示范区以井控制面积，以管道沿途损失最小，以地块自然边界等因素划分5个不同面积滴灌区，每个滴灌区具备一套滴灌系统，故5

个滴灌区可同时运行,互不影响。

示范区面积较大,分支管控制阀较大,为了降低管理成本,采用微机全自动控制方案,提高设备利用率。在地中十字路口处修建2层楼作为微机控制中心(高楼便于观察各区工作情况)和5眼机井泵房,由微机控制5眼机井电泵和分支管电控阀开关,按设计规定进行操作,保持水泵工作稳定性。这种运行方式可以提高设备利用率,降低运行成本,提高用户经济效益。

**(一)首部枢纽**

示范区划为5个滴灌区,每个滴灌区都设有首部枢纽,机井动水位较深(大约25m),配潜水电泵,其下游全部采用输水管道输水,水质没有二次污染问题。为防止低水位水井停泵后,输水管高水位回流,化学药剂污染水质;防止井中污物进入滴灌系统堵塞滴头,在输水管上游分别设置逆止阀、闸阀和网式过滤器。为了提高水泵性能,满足滴灌供水要求,采用先进的变频控制技术实现对水泵的调速控制,达到恒压变水量的目的,实现水泵额定水量下任意轮灌组合。测压装置设在首部过滤器之后,并安装计费水表。

**(二)管道系统布置**

示范区划地势北高南低,东高西低。坡度测量分别为1.5°和1°,总体看坡度较小,地势属于缓坡地势。

示范区原小垄种植大田,示范区建成后将0.68 m小垄改为0.9 m大垄,采用大垄双行种植方式。蔬菜株间距我0.3 m,两行间距为0.4 m,在两行蔬菜之间铺设毛管,因此毛管间距为0.9 m;按常规设计,滴灌区干管与毛管按等高线布置,提高灌水均匀度。但示范区土地已分田到户,坡上坡下土质不同,打乱重分土地困难较大。为此,管道系统布置干管与毛管按南北垄方向布置,分支管、支管按等高线布置,这种布置不适用于南北偏西方向保温大棚建设要求,但可建日光温室。

**1. 干支管道布置特点**

示范区内5个滴灌区,因水井位置不同,应考虑输水干支管道尽量缩短,减少管道沿程水头损失,输水干、支管进水方向有所不同。

(1)第Ⅰ、Ⅱ、Ⅲ、Ⅴ滴灌区管道系统布置,采用干管从支管中间进入,向支管两侧分流和第Ⅳ区干管变径布置方案。其优点是减少支管流量,缩小支管管径,降低工程造价。

(2)第Ⅳ滴灌区采用其他滴灌区布置方案,必然增加干管数量,增加工程投资费用。为此,采用干管从一端进入系统方案,用交叉轮灌方式进行滴灌。

(3)考虑滴灌区面积较大,种植作物、施肥、农药不尽相同,故在每条进口处设压差化肥罐和过滤器(要求同一条支管滴灌范围内最好种同类作物)。为了冲洗支管和分支管,在至支管尾端设可拆卸管堵,以便冲洗后排出污水。

2. 分支管、毛管布置及特点

(1)为了满足多条毛管组合成一个轮灌组,提高灌水均匀度和减少压力流量调节器安装数量,支管下设分支管。支管与分支管采用"丰"字形布置方案,支管从分支管中间进入,向两侧分流,缩小分支管管径,降低工程造价。

由于滴灌区两个方向都有坡度,为补偿支管逆坡供水压力变化,在分支管进口处安装压力流量调节器。允许水头损失分配给支管、毛管两级。支管上的水头变化不再影响滴管器的均匀度。

(2)毛管与分支管采用梳子布置形式。为解决地形高差造成压力差影响滴灌均匀度,除在分支管进口处安装压力流量调节器外,还采用毛管对支管不对称布置方案,使逆坡毛管长度比顺坡毛管长度短 4 m。为此,第Ⅰ滴灌区逆坡毛管长 68 m,顺坡毛管长 72 m,其他区逆坡毛管长 62 m,顺坡毛管长 66 m;这样布置逆坡滴头数比顺坡滴头数少,管道水力损失相对减少,尽可能减少压差变化,提高滴灌均匀度。为满足灌水均匀度的要求,毛管允许最大使用长度计算值为 74 m,实际毛管最长为 72 m,该值小于毛管允许最大值,可以满足灌水均匀度要求。

支管轮灌组的毛细组间距为 0.9 m,安装毛管数量各区有所不同,毛管数量主要根据轮灌组估计流量为 12.5 $m^3/h$ 和每根毛管滴头出水量计算得出。该值尽可能保证轮灌组滴灌面积最大条件,确定各区轮灌组毛管数量,第Ⅰ区毛管 40 条,第Ⅱ区、Ⅲ区毛管 49 条,第Ⅳ区、Ⅴ区毛管 42 条,计算后轮灌组毛管的数量可保证轮灌组的流量均小于分支管供水 12.5 $m^3/h$ 的要求。

从上述可知,干支、支管、分支管、毛管组成了封闭供水系统。

### (三)管道铺设与管材选择

(1)根据示范区地理位置,冻层在 1.8 ~ 2 m,因此干管、支管采用快接铝合金管铺设在地上。

(2)分支管选用 LEDP 高压聚乙烯管材浅埋地下,一可防止管道被日光紫外线照射,避免塑料管老化,延长使用年限;二可防止塑料管上下表面温差变化不同,造成塑料管翘曲变形影响使用。冬天可拆卸收回。

## 六、设计有关参数选择与计算

### (一)毛管选用内嵌迷宫式滴灌管

根据蔬菜种植间距为 0.3 m 的要求,选滴灌管出口间距为 0.3 m,具体内嵌迷宫式滴灌管参数见表 4 – 5。

表 4-5 内嵌迷宫式滴灌管参数

| 外径/mm | 壁厚及分差/mm | 出水孔径/mm | 出口间距/m | 工作压力/kPa |
|---|---|---|---|---|
| 16 | 1.15 ±0.12 | $\phi3$ | 0.3 | 1 |

**(二)管材直径选择**

采用下式选用经济管径,再根据水力计算结果最后确定。

$$D = 13\sqrt{Q}$$

式中:$Q$——管道设计流量,$m^3/h$;

$D$——管道直径,mm。

根据设计,干管流量为 50 $m^3/h$,支管流量为 12.5 $m^3/h$,选择干管、支管、分支管、毛管的管径见表 4-6。

表 4-6 干管、支管、分支管、毛管管径

| 名称 | 计算管径/mm | 选择管外径/mm | 管内径/mm | 材质 | 名称 | 计算管径/mm | 选择管外径/mm | 管内径/mm | 材质 |
|---|---|---|---|---|---|---|---|---|---|
| 干管 | 92 | 102 | 98 | 铝合金 | 分支管 | 46 | 63 | 55 | LDPE 塑料管 |
| 支管 | 65 | 76 | 72 | 铝合金 | 毛管 | 16 | 16 | 13.7 | LDPE 塑料管 |

**(三)滴灌系统的流量计算**

(1)一条毛管流量计算

计算出毛管最大允许长度后,根据滴灌系统布置要求,确定毛管实际安装长度。

已知毛管安装长度和滴头出口间距,求一条毛管滴头数:

$$N = \frac{L}{S_e}$$

式中:$N$——一条毛管灌水器数;

$L$——一条毛管长度,m;

$S_e$——毛管滴头间距,m。

(2)已知滴头数量和每个滴头流量,求一条毛管流量:

$$Q_{毛} = Nq_i$$

式中:$Q_{毛}$——一条毛管流量,L/h;

$N$——一条毛管滴水器数;

$q_i$——一个滴水器平均流量,L/h,按设计流量计算。

(3)一个轮灌组毛管数量计算

$$n = Q_{分支设} + Q_{毛}$$

式中:$Q_{分支设}$——支管设计流量,$m^3/h$,取 12.5 $m^3/h$;

$Q_毛$——一根毛管流量，$m^3/h$。

计算出结果，再根据地块大小确定分支管合理安装数量。第Ⅰ区为40条，第Ⅱ区、第Ⅲ区为49条，第Ⅳ区、第Ⅴ区为42条。

(4)一个分支管轮灌组流量计算

已知一条毛管流量和一个轮灌组毛管数量，求一个轮灌组数量：

$$Q_{组} = nQ_{毛}$$

式中：$Q_组$——轮灌组工作流量，$m^3/h$；

$n$——轮灌组毛管数量。

(5)支管流量计算

为了缩小支管管径，降低设备投资，每区均采用两条支管同时工作方案，一条支管往逆坡供水，另一条支管往顺坡供水，则支管流量：

$$Q_{支} = Q_{组逆} + Q_{组顺}$$

(6)干管流量计算

每组干管均往两支支管供水，干管流量：

$$Q_{干} = Q_{1支} + Q_{2支}$$

式中：$Q_干$——干管流量，$m^3/h$；

$Q_{1支}$——各区第1条支管流量，$m^3/h$；

$Q_{2支}$——各区第2条支管流量，$m^3/h$。

各滴灌区干管、支管、分支管、毛管计算流量值见各区管道系统水头损失汇总表(见表4-7~表4-11)。

从4-7~表4-11中可以看出，各滴灌区干管、支管、分支管、毛管流量均小于估计流量值，因此管道系统均能满足设计要求。

**表4-7 第Ⅰ滴灌区管道系统水头损失汇总**

| 项目 | 干管 | | 支管 | 支管过滤器 | 分支管 | 毛管 | 水泵进水管系 | 水泵出水管系 | 过滤器施肥罐 | 末端滴头工作压力 | 系统总扬程 |
|---|---|---|---|---|---|---|---|---|---|---|---|
| | A-B | B-C | C-D | | E-F | F-G | | | | | |
| 内/外管径/mm | 98/102 | 72/76 | 72/76 | | 55/63 | 13.7/16 | | | | | |
| 管材质 | 铝合金 | 铝合金 | 铝合金 | | PE | 内镶式滴灌管 | | | | | |
| 流量/($m^3\cdot h^{-1}$) | 44.8 | 22.4 | 22.4 | | 11.2 | 0.544 40 | | | | | |
| 管长度/m | 68 | 140 | 161 | | 19 | 逆68<br>顺72 | | | | | |
| 管断面积/$m^2$ | 0.007 5 | 0.004 | 0.004 | | 0.002 4 | 0.00 015 | | | | | |
| 流速/($m\cdot s^{-1}$) | 1.66 | 1.53 | 1.6 | | 2.6 | 1 | | | | | |

续表

| 项目 | 干管 | | 支管 | 支管过滤器 | 分支管 | 毛管 | 水泵进水管系 | 水泵出水管系 | 过滤器施肥罐 | 末端滴头工作压力 | 系统总扬程 |
|---|---|---|---|---|---|---|---|---|---|---|---|
| | A－B | B－C | C－D | | E－F | F－G | | | | | |
| 多孔分流系数 | 0.65 | 0.65 | | | 0.385 | 0.368 | | | | | |
| 沿程损失/m | 7.3 | 4.23 | 4.87 | | | | | 6.24 | | | |
| 沿程损失/m | | | | | 0.24 | 3.1 | | | | | |
| $t=10℃$ | | | | | | | | | | | |
| $a=1.068$ | | | | | | | | | | | |
| 局部水头损失/m | 0.73 | 0.423 | 0.487 | 9 | 0.024 | 0.31 | 1 | 1 | 9 | 10 | |
| 局部水头损失/m | －1.7 | －3.6 | 2.5 | | 0.3 | 1.78 | | | | | |
| 小计/m | 6.3 | 1 | 7.8 | 9 | 0.56 | 5.2 | 1 | 7.24 | 9 | 10 | 57.1 |

**表4－8　第Ⅱ滴灌区管道系统水头损失汇总**

| 项目 | 干管 | | 支管 | 支管过滤器 | 分支管 | 毛管 | 水泵进水管系 | 水泵出水管系 | 过滤器施肥罐 | 末端滴头工作压力 | 系统总扬程 |
|---|---|---|---|---|---|---|---|---|---|---|---|
| | A－B | B－C | | | E－F | F－G | | | | | |
| 内/外管径/mm | 72/76 | 72/76 | | 55/63 | 13.7/16 | | | | | | |
| 管材质 | 铝合金 | 铝合金 | | PE | 内镶式滴灌管 | | | | | | |
| 流量/$(m^3 \cdot h^{-1})$ | 25 | 25 | | 12.5 | 0.496 | | | | | | |
| 管长度/m | 64 | 242 | | 22 | 逆62<br>顺66 | | | | | | |
| 管断面积/$m^2$ | 0.004 | 0.004 | | 0.002 4 | 0.000 15 | | | | | | |
| 流速/$(m \cdot s^{-1})$ | 1.74 | 1.74 | | 1.45 | 0.92 | | | | | | |
| 多孔分流系数 | | | | 0.385 | 0.368 | | | | | | |
| 沿程损失/m | 2.34 | 8.86 | | | | | 6.24 | | | | |
| 沿程损失/m | | | | 0.34 | 2.4 | | | | | | |
| $t=10℃$ | | | | | | | | | | | |
| $a=1.068$ | | | | | | | | | | | |
| 局部水头损失/m | 0.234 | 0.886 | 9 | 0.034 | 0.24 | 1 | 1 | 9 | 10 | | |
| 高差水头损失/m | 1.7 | 4 | | 0.25 | 1.6 | | | | | | |
| 小计/m | 4.27 | 13.746 | 9 | 0.6 | 4.2 | 1 | 7.24 | 9 | 10 | 59.06 | |

**表 4 – 9 第Ⅲ滴灌区管道系统水头损失汇总**

| 项目 | 干管 | 支管 | 支管过滤器 | 分支管 | 毛管 | 水泵进水管系 | 水泵出水管系 | 过滤器施肥罐 | 末端滴头工作压力 | 系统总扬程 |
|---|---|---|---|---|---|---|---|---|---|---|
| | U – V | V – W | | E – F | F – G | | | | | |
| 内/外管径/mm | 72/76 | 72/76 | | 55/63 | 13.7/16 | | | | | |
| 管材质 | 铝合金 | 铝合金 | | PE | 内镶式滴灌管 | | | | | |
| 流量/($m^3 \cdot h^{-1}$) | 25 | 25 | | 12.5 | 0.496 | | | | | |
| 管长度/m | 64 | 242 | | 22 | 逆 62<br>顺 66 | | | | | |
| 管断面积/$m^2$ | 0.004 | 0.004 | | 0.002 4 | 0.000 15 | | | | | |
| 流速/($m \cdot s^{-1}$) | 1.74 | 1.74 | | 1.45 | 0.92 | | | | | |
| 多孔分流系数 | | | | 0.385 | 0.368 | | | | | |
| 沿程损失/m | 2.34 | 8.86 | | | | | 6.24 | | | |
| 沿程损失/m | | | | 0.34 | 2.4 | | | | | |
| $t = 10℃$ | | | | | | | | | | |
| $a = 1.068$ | | | | | | | | | | |
| 局部水头损失/m | 0.234 | 0.886 | 9 | 0.034 | 0.24 | 1 | 1 | 9 | 10 | |
| 高差水头损失/m | 1.7 | 4 | | 0.25 | 1.6 | | | | | |
| 小计 m | 4.27 | 13.746 | 9 | 0.6 | 4.2 | 1 | 7.24 | 9 | 10 | 59.06 |

**表 4 – 10 第Ⅳ滴灌区管道系统水头损失汇总**

| 项目 | 干管 | 支管 | 支管过滤器 | 分支管 | 毛管 | 水泵进水管系 | 水泵出水管系 | 过滤器施肥罐 | 末端滴头工作压力 | 系统总扬程 |
|---|---|---|---|---|---|---|---|---|---|---|
| | P – J | J – O | | E – F | F – G | | | | | |
| 内/外管径/mm | 98/102 | 72/76 | | 55/63 | 13.7/16 | | | | | |
| 管材质 | 铝合金 | 铝合金 | | PE | 内镶式滴灌管 | | | | | |
| 流量/($m^3 \cdot h^{-1}$) | 48 | 25 | | 12.5 | 0.496 | | | | | |
| 管长度/m | 404 | 370 | | 22 | 逆 62<br>顺 66 | | | | | |
| 管断面积/$m^2$ | 0.007 5 | 0.004 | | 0.002 4 | 0.000 15 | | | | | |
| 流速 | 1.78 | 1.67 | | 1.45 | 0.92 | | | | | |
| 多孔分流系数 | | | | 0.385 | 0.368 | | | | | |
| 沿程损失/m | 6.94 | 12.6 | | | | | 6.24 | | | |
| 沿程损失/m | | | | 0.34 | 2.4 | | | | | |
| $t = 10℃$ | | | | | | | | | | |

续表

| 项目 | 干管 U－V | 支管 V－W | 支管过滤器 | 分支管 E－F | 毛管 F－G | 水泵进水管系 | 水泵出水管系 | 过滤器施肥罐 | 末端滴头工作压力 | 系统总扬程 |
|---|---|---|---|---|---|---|---|---|---|---|
| $a=1.068$ | | | | | | | | | | |
| 局部水头损失/m | 0.694 | 1.26 | 9 | 0.034 | 0.24 | 1 | 1 | 9 | 10 | |
| 高差水头损失/m | 10.5 | 4 | | 0.25 | 1.6 | | | | | |
| 小计/m | 18.1 | 17.8 | 9 | 0.6 | 4.2 | 1 | 7.24 | 9 | 10 | 67.94 |

**表4－11　第Ⅴ滴灌区管道系统水头损失汇总**

| 项目 | 干管 N－Q | 支管 Q－T | 支管过滤器 | 分支管 E－F | 毛管 F－G | 水泵进水管系 | 水泵出水管系 | 过滤器施肥罐 | 末端滴头工作压力 | 系统总扬程 |
|---|---|---|---|---|---|---|---|---|---|---|
| 内/外管径/mm | 98/102 | 72/76 | | 55/63 | 13.7/16 | | | | | |
| 管材质 | 铝合金 | 铝合金 | | PE | 内镶式滴灌管 | | | | | |
| 流量/($m^3\cdot h^{-1}$) | 48 | 24 | | 12 | 0.496 | | | | | |
| 管长度/m | 418 | 185 | | 21 | 逆62 顺66 | | | | | |
| 管断面积/$m^2$ | 0.007 5 | 0.004 | | 0.002 4 | 0.000 15 | | | | | |
| 流速/($m\cdot s^{-1}$) | 1.78 | 1.67 | | 1.4 | 0.92 | | | | | |
| 多孔分流系数 | 0.65 | | | 0.385 | 0.368 | | | | | |
| 沿程损失/m | 7.15 | 6.3 | | | | | 6.24 | | | |
| 沿程损失/m | | | | 0.3 | 2.39 | | | | | |
| $t=10℃$ | | | | | | | | | | |
| $a=1.068$ | | | | | | | | | | |
| 局部水头损失/m | 0.715 | 0.63 | 9 | 0.03 | 0.239 | 1 | 1 | 9 | 10 | |
| 局部水头损失/m | 10.9 | 3 | | 0.3 | 1.6 | | | | | |
| 小计/m | 18.7 | 9.9 | 9 | 0.6 | 4.2 | 1 | 7.24 | 9 | 10 | 69.64 |

## 七、管道水力计算

滴灌管道内水流属于有压流，水力计算主要任务是确定沿程损失。根据我国实践，微管系统设计可以用下式计算，其结果接近实测资料，可以满足实践要求。

对 PE 管无旁侧出流孔，水温 $t=20℃$，管道沿程损失用勃拉休斯公式计算：

$$h_f = 8.4\times 10^4 \times \frac{Q^{1.75}}{D4.75}\times L$$

对于铝合金管：

$$h_f = 8.61 \times 10^4 \times \frac{Q^{1.74}}{D^{4.74}} \times L$$

对于钢管：

$$h_f = 6.25 \times 10^5 \times \frac{Q^{1.9}}{D^{5.1}} \times L$$

式中：$h_f$——沿程水头损失，m；

$Q$——流量，$m^3/h$；

$D$——管道内径，mm；

$L$——管道长度，m。

对 PE 管无旁侧出流孔，$t = 10℃$，可用温度修正系数修正：

$$h_{ft} = a h_f$$

式中：$h_{ft}$——水温 10℃，无旁侧出流孔沿程水头损失，m；

$a$——温度修正系数。

查温度修正系数表时，采用勃拉休斯公式，其雷诺数 $R_e$ 的指数是 0.25，查表中 0.25 行和 $t = 10℃$ 列中的数值，$a = 1.068$。

水力计算时各滴灌区分别计算，每区都选一条最不利工作条件，用管道沿程水头要求损失最大的管道系统进行计算，其计算结果可以满足另一条管道系统沿程水头要求。

按各滴灌区的干支管平面布置和轮灌组支管、毛管平面布置情况对管道系统沿程水力损失进行计算。

## 八、管网水力计算

管网水力计算的主要任务是在满足水量和均匀度的前提下，确定各管网布置方案中各级（段）管道直径、长度和系统扬程，进而选择水泵型号。

### （一）有侧出流孔水头计算

（1）多口系数计算公式为：

$$F = \frac{N\left(\frac{1}{m+1} + \frac{1}{2N} + \frac{\sqrt{M-1}}{6N^2}\right) - 1 + \chi}{N - 1 + \chi}$$

式中：$F$——多口系数；

$N$——管道出流孔数；

$m$——流量指数；

$\chi$——进口端至第一个出口的距离与孔口间距之比，取 $\chi = 1$。

（2）流量指数 $m$ 的计算公式：

$$m = 1.753\left(\frac{D}{2.5}\right)^{0.018}$$

$$m = 1.734 \approx 1.73$$

已知 $m$ 值和管道出流孔数 $N$，可在书中查到多空系数 $F$，但因毛管孔数多，超过表中孔数，故计算求得毛管、分支管、支管多口系数。

**（二）毛管总水头损失计算**

$$\Delta H = K\Delta H_f$$

式中：$\Delta H$——毛管总水头损失，用水温 $t = 10$℃计算，m；

$\Delta H_f$——毛管沿程水头损失，m；

$K$——局部损失加大系数，对毛管 $K = 1.05 \sim 1.3$，取 1.1。

**（三）干支管水头损失计算**

（1）PE 管沿程水头损失，用勃拉休斯公式（水温 $t = 10$℃）：

$$h_f = 8.4 \times 10^4 \times \frac{Q^{1.75}}{D^{4.75}} aKLF$$

（2）铝管的沿程水头损失公式为：

$$h_f = 8.61 \times 10^4 \times \frac{Q^{1.74}}{D^{4.74}} KLF$$

（3）钢管的沿程水头损失公式为：

$$h_f = 6.25 \times 10^5 \times \frac{Q^{1.9}}{D^{5.1}} KL$$

式中符号意义同前。

**（四）变径管水头损失计算**

变径管既是自上而下逐段缩小管径的管，又是将某段管及其以下长度看成与计算段直径相同的管。变径管用铝合金，计算公式为：

$$\Delta H_i = 8.16 \times 10^4 \times K \frac{Q_i^{1.74} L_i F_i - Q_{i+1}^{1.74} L_{i+1} F_{i+1}}{D_i^{4.74}}$$

式中：$\Delta H_i$——第 $i$ 和第 $i+1$ 段管口水头损失，m；

$Q_i$、$Q_{i+1}$——第 $i$ 和第 $i+1$ 段管进口流量，$m^3/h$；

$L_i$、$L_{i+1}$——第 $i$ 和第 $i+1$ 段管及其以下管道总长度，m；

$F_i$、$F_{i+1}$——第 $i$ 和第 $i+1$ 段管多口系数；

$D_i$——第 $i$ 段管直径，mm；

$K$——局部损失加大系数。

**（五）局部水头损失计算**

干管、支管、分支管、毛管局部水头损失为计算方便，按管道沿程水头损失

10% ~20% 取值，$K=1.1$。

**（六）管道系统沿程水头损失计算**

计算管道系统沿程水头损失应该按管材质、变径管、无侧孔管、有侧孔管和塑料管以及水温 $t=10℃$ 时的极限条件和局部损失加大系数等，由各相关公式分别计算管道系统沿程水头损失。各滴灌区管道系统水头损失计算结果见表 4-7 至表 4-11。

**（七）毛管允许的水头偏差和灌水器最大、最小工作水头及流量的确定**

灌水器最大、最小流量为：

$$q_{max} = q_d(1+0.62q_v)$$
$$q_{min} = q_d(1-0.38q_v)$$

相应灌水器水头为：

$$h_{max} = h_d(1+0.62q_v)^{1/x}h_s$$
$$h_{min} = h_d(1-0.38q_v)^{1/x}h_s$$

式中：$q_{max}$、$q_{min}$——灌水器最大和最小流量，L/h；

$q_d$、$h_s$——灌水器设计流量和设计水头，m；

$h_{max}$、$h_{min}$——与 $q_{max}$、$q_{min}$ 相对应的灌水器最大和最小工作水头，m；

$x$——灌水器流态指数，对内嵌迷宫式式滴灌管，取 $=0.5$；

$q_v$——设计允许流量偏差，$q_v=0.2$。

灌水器最大、最小工作水头计算得：

$$h_{max} = (1+0.62\times0.2)^{1/0.5}\times10 = 12.6\ \text{m}$$
$$h_{min} = (1-0.38\times0.2)^{1/0.5}\times10 = 8.54\ \text{m}$$

相应灌水器流量计算得：

$$q_{max} = q_d(1+0.62q_v) = 2.4\times(1+0.62\times0.2) = 2.7\ \text{L/h}$$
$$q_{min} = q_d(1-0.38q_v) = 2.4\times(1-0.38\times0.2) = 2.7\ \text{L/h}$$

由计算结果可知 $H_v=0.41$。

选用流态指数 $x=0.5$ 的灌水器，可以有较大的允许水头偏差，当毛管直径和要求的灌水均匀度一定时，可以增加毛管长度，在管道系统设计中毛管安装长度小于计算允许毛管最大使用长度，故管道系统可以满足规定灌水均匀度要求。

**（八）允许水头偏差计算**

灌水系统均匀度由灌水区内工作水头最大和最小灌水器的流量偏差来保证。当地形坡度为 0°时，工作水头最大的是第 1 条毛管的第 1 个灌水器，工作水头最小的冒最后一条毛管的最末一个灌水器，它的水头差应限制在设计允许的水头差范围内。忽略第 1 条毛管进口与第 1 个灌水器之间的水头差，则

$$\Delta H_{EF} + \Delta H_{末} \leqslant H_v h_d$$

式中：$\Delta H_{EF}$——分支管从E点到F点的水头损失，m；

$\Delta H_{末}$——末端毛管全程水头损失，m；

$H_v$——设计允许水头偏差率，$H_v = 0.41$；

$h_d$——灌水器设计工作水头，$h_d = 10$ m。

通过上式的计算，其结果小于设计允许的水头差，可保证滴灌系统灌水均匀度的要求。

**（九）最大工作水灌水器的位置**

在沿毛管地形坡度 $J \leqslant 0$ 的情况下，毛管上最大工作水头灌水器的位置在上游第1孔，在下坡条件下可能出现在毛管上游第1孔或下游第N孔端，其判定条件为：

$$\Delta H_{N-1} - J(N-1)S \begin{cases} >0(h_1 < h_N) 第1孔 \\ =0(h_1 = h_n) 第1孔和第N孔 \\ <0(h_1 < h_N) 第N孔 \end{cases}$$

式中：$\Delta H_{N-1}$——$N-1$孔毛管总水头损失；

$J$——沿毛管地形坡度，南北高差坡角为1.5°，取 $J = 0.026$。

**（十）毛管进口水头**

$$h_0 = h_1 + Ka(N \cdot q_d)^m S_0 - JS_0$$

式中：$h_0$——毛管进口水头，m；

$h_1$——进口端毛管第1个出水口工作水头，m；

$N$——毛管上出流口总数；

$K$——考虑局部损失的加大系数；

$q_d$——灌水器设计流量，L/h；

$m$——流量指数；

$S_0$—— 进口端毛管第1个出水口距离，m；

$a$——系数，$a = 1.006 \times 10^{-5}$。

根据对不利工作因素的分析，上坡比下坡供水要求压力高，计算表第Ⅰ区 $h_0 = 12.8$ m，

比平地计算 $h_{max}$ 高0.2 m。第Ⅱ区、第Ⅲ区、第Ⅳ区、第Ⅴ区 $h_0 = 12.6$ m，与平地计算 $h_{max}$ 基本相同。

## 九、首部枢纽设计

**（一）微机控制轮灌**

（1）微机控制示范区轮灌系统由微机控制中心分别控制各区供水和轮灌工作

方案。在距5眼机井基本等距的位置，即十字交叉口处建微机控制中心楼，楼上是微机控制室，楼下安装电气控制柜和调压器等。在各水井位置建简易泵房。房内安装启动器控制柜、阀门、过滤器等。

(2)示范区每个滴灌区都采用轮灌方式进行灌溉，每个轮灌组各自配有电气控制阀门，按照编制好的轮灌顺序，由微机控制启动、关闭、灌水时间和灌水定额。

(3)本示范区微机控制采用分组轮灌，定时供水方案，可根据作物生长过程的需要及时修订供水时间。由于投资费用问题，为了收集各滴灌区土壤湿度信息，在每个滴灌区仅安装了一支传感器和多支土壤湿度计，用于了解土壤湿度，调整灌水时间。

(4)有关电气及土建工程施工设计另外进行。

### (二)水泵选型

#### 1.水泵流量确定

根据管道系统设计，每个滴灌区铺设两条支管，每条支管负责向两个轮灌组供水，故滴灌流量为两个轮灌组流量之和。从滴灌区管道系统水头损失汇总表(见表4-7至表4-11)可知，各区供水流量在45~50 $m^3/h$，故流量 $Q=50\ m^3/h$ 为选泵流量参数。

#### 2.水泵扬程确定

滴灌系统的总扬程应从管道系统工作最不利滴头位置或离水源最远的最高点进行计算。水泵总扬程计算公式为：

$$H_{总} = H_{滴} + \sum \Delta h_f + \sum \Delta h_j + \Delta Z$$

式中：$H_{总}$——滴灌系统水泵总扬程，m；

$H_{滴}$——滴头的工作水头，m；

$\sum \Delta h_f$——管道系统(含沿程损失)总的水头损失，m；

$\sum \Delta h_j$——过滤器、化肥罐、泵出水管总的水头损失，m；

$\Delta Z$——设计参考地面高程与供水高程之差(机井用动水位+输水管距地面高度)，m 。

#### 3.井径和动力源

滴灌区井径为 $\phi 400$ mm，能够保证供电要求。

#### 4.水泵选型

根据井径、地下水位在25 m左右计算的泵流量和扬程要启用选择湿式潜水电泵。电泵选择要满足流量、扬程的要求，以选择泵外径大、减少级数为原则，这样可降低成本。电泵虽然选用的扬程较高,但泵下到动水位下 1 ~ 2 m 即可。因此,输出管长度以井动水位高度进行确定。

**(三)动力配套**

根据水泵型号,5 台电泵配套功率计 76 kW,考虑其他供电功率要求,需 100 kW。

**(四)管道系统配置附件说明**

(1)闸阀。本系统采用手动闸阀,不作为调节流量压力阀,故为常开安装。主要解决低水位井管道水回流不能维修的难题。

(2)逆止阀。解决本系统停机后水回流到低水位井中,造成水锤冲击和回水污染水源的问题。逆止阀安装在化肥罐、农药罐上游处。

(3)水表。用于井泵输水计量使用。

(4)压力表。安装在筛网过滤器上下游,根据压差确定筛网过滤器是否需要清洗。

(5)筛网过滤器。示范区全部深井提水,水质清净,但为防止毛管堵塞,只选筛网过滤器一种,分别安装在干管和施肥罐下游进行水质过滤。过滤器精度:80 ~ 200 目(0.2 ~ 0.05 mm);额定工作压力:0.6 MPa;水质处理:50 ~ 150 $m^3/h$;处理流量:50 $m^3/h$;局部水头损失 $=0.035\,7Q^{2.054\,1}=11(m)$。

(6)进、排气阀。示范区管道系统流速不超过 2 m/s,管道使用安全可靠。为防止意外水锤产生,在过滤器顶部和下游管最高处安装进、排气阀,用于系统开启时管道充水排气,以及系统关闭时排水补气。

## 例二 渗灌技术实训

### 一、渗灌灌溉系统的安装与使用

渗灌技术由来已久,古时候人们将砂石埋于地下出现了渗灌的原始状态。此后,人们利用泥土烧制成的陶罐装满水埋入地下,让水缓慢地渗入到土壤中进行灌溉,还有将泥土烧制成的陶管连接在一起埋在地下形成了连续的较大面积的灌溉方式。随着近代科学技术的发展,20 世纪 70 年代,美国、德国等国家先后研制开发出多孔高分子材料渗灌管,使渗灌技术迈上了现代化的台阶,这类渗灌管可以工业化大规模生产,它的安装使用与滴灌技术极为相似。

目前,在我国被称作渗灌的具有多种多样的形式,如前面介绍的陶罐、陶管渗灌法,还有采用塑料管打孔后埋入地下的“地下滴灌”法,利用秸秆埋入土壤中形成的较大网状孔隙再配以小管滴灌的渗灌法,塑料狭缝式渗灌管以及高分子材料在加工过程中管壁上自然形成许多微孔的微孔渗灌管的渗灌法。

渗灌属于微灌技术范畴技术之列,因此它在灌溉技术和设备上有许多方面与其他微灌技术相同或相近,只是在灌水器的安装和使用上有其自身的特点,它将灌水器埋入土壤之中,是一种地下灌溉方式。

**(一)首部的安装与使用**

灌系统的首部与滴灌系统基本相同,同样包括水泵、高压蓄水箱、阀门、施肥器、压力表、过滤器等。不同之处只是渗灌系统的灌水器在使用时被埋没在土壤中,灌水结束后,当系统中的水全部渗到土壤中之后,管路内容易形成负压,使外面的泥土堵塞管壁上的微孔,为此要在首部连接一个放气阀,安装位置通常在防水闸阀与过滤器之间。在每次灌溉结束后关闭闸阀,打开放气阀使管路与大气连通。其他设备的使用安装与滴灌相同。

**(二)干管、支管的安装**

在同等条件下,渗灌系统在使用过程中管内压力略低于滴灌系统,因此整个管网的安装与铺设可以参考滴灌系统管网安装使用要求。对于大型灌装系统,干管采用硬质 PVC 管,支管采用 PE 管。干管要埋在冻土层以下,支管通常铺设在地头,为使用方便要将其埋在犁底以下(25 ~ 30 cm)。对于温室大棚以及较小面积的灌溉,也可以采用 PE 管干管、支管,用锁紧式塑料管件连接。

**(三)毛管的安装使用**

渗灌是地下灌溉技术,因此它的灌水器要全部埋在土壤中。安装时要先破垄开沟(沟深视种植植物的情况而定),然后将渗灌管铺设到沟里,播种后覆土即可进行灌溉。进行秧苗移栽种植时,可将秧苗置于渗灌管的上面或侧面,覆上土即可。对于微孔式渗灌管,灌水时不需要进行排气处理。秋收后,在秋翻地的同时将渗灌管起出,保管好待下次使用。对于深埋的情况可不必起出。

1. *渗灌管的埋深*

渗灌管的埋设深度主要决定于土壤性质、作物种类及耕作状况等。从土壤的性质来看,适宜的埋设深度应能使灌溉水借毛细管作用充分润湿土壤计划湿润层,而深层渗漏量最小。一般情况下,在均质土壤中,轻质土壤导水率较大,导水性能较强,渗灌管不宜埋设太深,以防止发生深层渗漏;黏质土壤导水率小,但持水量大,埋深可稍大些,这样既不会造成大量深层渗漏,也可减少地表湿润,减少土壤蒸发的水分消耗。若耕层下游透水性差的黏土夹层或较密实的犁底层,对渗灌是比较有利的。但如果耕层内有难透水层,渗灌管的埋设要考虑其影响,如果该土层在渗灌管以上,就需要打破该层次,混匀土壤。

渗灌管的埋深也要与作物的生理特性,尤其是作物根系对土壤水分和土壤水分影响下的整个土壤生态环境的要求相适应。不同作物的根系生长范围不同,对不同土壤深度的水分和养分的吸收利用能力不同,因而对渗灌管理埋深的要求也不同。一般情况下,果树和大田粮食作物根系较深,蔬菜次之,草皮较浅。

因此,渗灌管的埋设深度应遵循下列原则:①对于农作物,在不影响耕作的前提下尽量浅埋,因为多数地区最为干旱缺雨的季节是春季,这时正值播种与苗期,需水的土层为 5 ~ 20 cm,埋设过深将失去意义,这种情况下埋深以 15 ~ 25 cm 为宜。②对于北方冬季的温室大棚,由于湿度过大宜发生植物病害,这时渗灌应充分发挥地下灌溉的优势,以减少地表蒸发,降低棚内湿度。由于棚内的许多蔬菜是经过移栽种植的,此时秧苗已有较发达的根系,渗灌管的埋深以 20 ~ 30 cm 为宜。③对于果树,由于根系较深,渗灌管的埋深以 40 ~ 50 cm 为宜。

各种植物渗灌管埋深范围较大,在沙壤土至轻黏土中,不同作物的渗灌管(毛管)的埋深可参考表 4 – 12 的数值。

**表 4 – 12 不同作物渗灌管埋设深度与间距参考值**

| 作物 | 埋深/cm | 间距/cm | 作物 | 埋深/cm | 间距/cm |
|---|---|---|---|---|---|
| 青椒 | 10 ~ 30 | 同行距 | 玉米 | 10 ~ 25 | 大垄双行中间或同行距 |
| 花椰菜 | 10 | 同行距 | 大豆 | 10 ~ 25 | 大垄双行中间或同行距 |
| 甘蓝 | 10 ~ 15 | 中间 | 小麦 | 18 ~ 30 | 50 ~ 100 |
| 胡萝卜 | 10 ~ 20 | 中间 | 棉花 | 20 ~ 45 | 同行距 |
| 莴苣 | 10 ~ 20 | 50 ~ 100 | 苹果 | 40 ~ 50 | 距树 100 ~ 200 |
| 马铃薯 | 5 ~ 15 | 同行距 | 开心果 | 30 ~ 50 | 同行距或 1/2 行距 |
| 西红柿 | 15 ~ 30 | 大垄双行中间 | 樱桃 | 40 ~ 50 | 距树 10 ~ 150 |
| 黄瓜 | 15 ~ 30 | 大垄双行中间 | 草坪 | 10 ~ 15 | 45 ~ 50 |
| 西瓜 | 10 ~ 20 | 同行距 | | | |

**2. 渗灌管铺设间距**

渗灌管的间距即影响灌水质量,也关系到渗灌管的用量、埋设工作量和工程造价。除了和渗灌管的埋深有关外,渗灌管的间距主要决定于土壤的性质、渗灌管的深水速度、供水的压力等。土壤颗粒越细,土壤的吸水能力也越强,渗灌时土壤的水平方向湿润范围也越大;土壤颗粒越粗,土壤的吸水能量就越弱,渗灌时土壤的水平方向湿润范围越小,而纵向湿润深度则越大。因此,在沙质土中,渗灌管的铺设间距宜小些,而在黏质土中,渗灌管的间距宜大些。在选用渗水速率较大的渗灌管时铺设间距应大些,选择渗水速率较小的渗灌管时铺设间距应小些。

在确定渗灌管间距时，应使相邻两条管道的浸润曲线重合一部分，以提高灌水均匀度。

3. 渗灌灌水压力

对于微孔渗灌管，在管壁的出水特性一定的条件下，灌水压力决定渗灌管的允许长度，影响渗灌管的出水量和灌水均匀度。灌水压力较小时，渗灌管的允许铺设长度将要变短。确定灌水压力的主要依据是渗灌管的最大铺设长度，一般以管道首端和末端流量偏差不超过20%为宜。

4. 渗灌管的允许长度

渗灌管的长度影响水分的出流量和灌水质量。渗灌管的最大允许长度与坡度、灌水压力、灌水流量及管道的渗水性能有关。渗灌管的种类不同，渗水性能不同，允许的最大长度也不同。发泡微孔塑料渗灌管的允许长度在百米以上，塑料打孔入渗灌管为20～70 m，滴灌毛管为70 m。确定渗灌管适宜长度的依据是使管道首尾两端土壤能湿润均匀，而渗漏损失较小。目前，我国微孔滴灌管通常使用的长度一般不大于100 m，也有使用长度达200 m的，一般不要超过300 m。在保护地中，由于水头通常较低，所以渗灌管可垂直于大棚或温室的长度方向埋设，渗灌管的长度为6～7 m，这样可以保证较高的灌水均匀度，提高灌水质量。

5. 渗灌管米流量的选择

对于微孔渗灌管的出水量通常定义为米流量，即每米渗灌管每小时渗出的水量，以L/(h·m)表示。原水电部颁布的渗灌企业标准中规定，渗灌管米流量范围为3～20 L/(h·m)。渗灌管米流量的选择主要取决于土壤性质，特别是土壤的渗水性能。在重土壤中使用的渗水管，米流量一般以选择在3～7 L/(h·m)为宜，中壤土以8～15 L/(h·m)为宜，轻壤土以12～18 L/(h·m)为宜，沙壤土以15～20 L/(h·m)为宜。

## 二、大棚（或日光温室）简易重力渗灌系统

以一个长40 m、宽13 m的大棚或长60 m、宽7 m的日光温室为例，滴灌系统主要由蓄水容器、过滤器、输水管道、渗灌管网组成，其安装技术如下：

### （一）蓄水容器

一般可以利用汽油桶作为蓄水箱，如有可能两个或多个铁桶串接起来更好。去掉桶盖、清洗晾干，在桶的底部，高出底面5 cm处焊接一段约10 cm长、内径为25 mm的镀锌管，做出水管用，最后在桶内涂刷防锈漆，干后再用，涂刷防锈漆一定要在焊接工序完成后进行。在大棚的中间位置用砖或石头筑成高1 m、能承受一桶水质量（约250kg）的底座。也可用角铁或钢筋焊接一个架子，将准备好的水

桶安放在底座(或架子)上,要求坐稳不能晃动。出水口朝向主管道一面。

另外,也可采用砌筑的方式,在大棚(温室)的中间位置选择棚顶最高处,用砖和水泥砌一个1 m高的底座,在底座上砌一个容积为1~2 $m^3$ 的水池,里面做好防渗处理,下面高出池底5~10 cm处砌入一段内径为25 mm的铁管,留作出水管用,在紧贴底面处安装一个排污管,外接一个阀门(处于长闭状态),以便清洗池底的沉积物。

**(二)首部及主管道连接**

从水箱出口依次连接的是阀门→弯头→过滤器→三通→干管(内径为25 mm PE管)。

由于重力渗灌系统压力很小,为节省投资,干管可以采用中壁或薄壁PE管,弯头,三通等管件可以采用锁紧式连接件。一般情况,一桶水(250 kg)很难满足整个棚的灌溉需求,因此可在三通两端各接一个阀门,对两侧进行分区灌溉。

**(三)管道铺设**

对于16 m宽的大棚,通常中间有1 m宽的过道,如果棚内作物横向种植,将PE干管沿过道铺设,向两侧灌水,没根毛管长度约6 m。若是纵向种植,干管则垂直过道铺设,向两侧灌水,毛管长约20 m。在温室内干管沿北侧过道铺设。干管的一端与三通连接,另一端封闭。铺设好干管后要将其固定住。在有作物种植行的位置上用打孔器打孔,安装上密封胶圈、旁通,再将渗灌管与旁通连接好。

**(四)渗灌管的铺设方式**

(1)对果菜类采用大垄双行种植,可将渗灌管埋设在两行作物中间,深度为10~15 cm。如果是大垄双行膜下种植,可将渗灌管置于两行之间的膜下,相当于膜下滴灌。

(2)如采取单行种植,可先开沟,深度为15~20 cm,然后将渗灌管铺设在沟底。对于移栽作物,将带有泥土的秧苗直接坐在渗灌管上或渗灌管的旁边即可。

(3)对于畦田播种的叶菜,畦宽为1 m,每畦内铺设两根渗灌管,间距为40~45 cm 。由于叶菜生长周期短,渗灌管可以直接铺设在地面,这样做对农业生产不会产生影响。

**(五)通水试验**

全部管网铺好后进行通水试验。由于渗灌管的管壁上分布着许许多多的微孔,所以渗灌系统通水时无需进行排气。待所有的毛管都均匀出水后用土将其全部填埋。如果干管采用的是白色PE管,也要将其埋于土壤之中,避免长期光照而使管内壁生长青苔,使用时引起渗灌管的堵塞。

**(六)注意事项**

(1)由于渗灌管上的微孔孔径比较小(几十微米到上百微米),所以要避免使用浑浊的水(最好使用地下水)。过滤器是整个系统能否长期运行的最关键部件,最好选择150~200目的过滤器。

(2)在渗灌系统使用期间,要定期打开过滤器的排污口进行清洗,间隔时间视水质情况而定,一般为1~2周。

(3)由于渗灌管使用时埋在土壤下面,因此每次灌完水后,要将管路与大气连通。对于重力渗灌,灌完水后不要关闭阀门,系统就自然与大气连通了。

(4)用重力渗灌系统施肥时,要等化肥充分溶于水后再开阀放水,灌后要放一桶清水对管路进行清洗。

(5)使用重力渗灌时,可以充分利用水箱蓄水的过程,将水灌入水箱后放置一段时间,待水温升高后,再实施灌溉,这样有助于提高地温,促进作物的生长。

## ☆思考题☆

1. 微灌规划设计包含哪些原则和内容?
2. 微灌设计说明书具体包含哪些内容?
3. 如何进行管道水力计算?
4. 如何确定管道管径?
5. 喷头的组合及组合间距如何确定?
6. 常见的微灌田间布置形式有哪些?
7. 滴灌、微喷灌灌水器布置形式有哪些?
8. 微灌施工时应当注意什么?
9. 什么是水锤?在生产中如何避免水锤破坏。
10. 常见的微灌管网田间布置形式有哪些?
11. 系统设计流量及水泵扬程如何确定?
12. 说明渗灌需要注意的问题?
13. 根据学材所例或上网查询案例,并结合《微灌工程技术规范 SL103—95》、《微灌工程设计手册》,试说明微灌工程主要设计步骤?

# 任务三　微灌工程运行管理

## ☆任务描述☆

结合上一任务，通过对本地设施农业常见微灌工程实践学习，能够对微灌工程进行后期管理维护等任务。

**【资讯】**教师以市场岗位调研、生产实践经验、经济社会需求等方面引入教学任务内容，进行知识点讲解与技能训练分解，并下达工作任务。

**【计划与决策】**学生在熟悉微灌工程运行管理相关知识点的基础上，查阅资料收集信息，进行工作任务构思，师生针对工作任务的有关问题及解决方法进行答疑、交流，明确思路。

**【实施】**学生在教师辅导下，按照计划分布实施，进行知识点理解和技能训练。

**【检查与评价】**为确保工作任务保质保量完成，在任务的实施过程中进行学生自查、学生互查、教师检查。

## ☆资料☆

### 一、微灌系统的施工安装

#### （一）微灌管路系统结构

微灌管路可分为首部、管路、毛管三部分。首部包括水泵、控制阀门、过滤器、施肥器等；管路包括干管（主管）、支管（分区管）、分支管（与毛管连接）。干管多采用 PVC 管，连接方式采用黏接或承插套接，工程中一般将其埋于冻土层以下；支管可采用 PVC 或 PE 管，连接方式：PVC 管采用黏接方式，PE 管无法黏接，只能采用管件连接，管网可置于地上，也可埋于冻土层以下。

#### （二）工程施工

**1. 施工前的准备**

检查图纸、文件等是否齐全，并核对是否与灌区水源、地形、作物种植种类及首部位置相符，发现问题应与设计部门协商，提出合理修改方案。

进行现场检查，制定必要的安全措施，并严格按工期要求编制施工计划。建立施工组织，拟定放样、走线等各项施工顺序，编制劳力、工种、材料、设备、工程进度计划，制定质量检查方法。

按设计要求检查工程设备器材，准备好施工工具。

2. 基本要求

施工必须严格按设计进行，若个性设计应征得设计部门同意。

施工中必须随时检查质量，发现不符合要求的应坚决要求返工。

施工过程中应做好施工记录，施工结束后编制竣工图并编写竣工报告。

3. 施工程序

施工放样。小型滴灌工程可根据设计图纸直接测量管线，大型工程现场应设测量控制网，并应保留到施工完毕。放样包括首部枢纽、蓄水池的施工测量和干管、支管的管线测量。

基坑开挖、排水及基础处理。

建筑物砌筑。混凝土、砌石、砖石建筑施工可参照 GB 50141—2008《给水排水构筑物工程施工及验收规范》的有关规定执行。

回填。回填土应干湿适宜，分层夯实，与砌体接触紧密。

4. 水源工程与首部工程

机井、大口井、蓄水池的施工按 GB 50141—2008《给水排水构筑物工程施工及验收规范》有关规定执行。水处理建筑物施工按 GB 50013—2006《室外给水设计规范》有关规定执行。

5. 管线施工

为使干管内的存水在入冬前能全部放掉，管道末端埋深应大于 70 cm，以便使铺设后的管道形成大于 0.002 的纵坡，便于将管中存水排入到排水井或排水渠中。管沟开挖宽度不宜小于 60 cm，基槽应平整顺直，并应按规定进行放坡。

对于直径大于 50 mm 的管道，应在其末端、变坡、转弯、三通和阀门等处设固定墩。当地面坡度小于 20% 或管径大于 65 mm 时，最好每隔一定长度设置一个固定墩，间距不应大于 200 m。

在管道及管件安装工程中，可在管道无接缝处先覆土固定，露出接缝处，以便检测，待整个系统安装完毕，经冲洗、试压，全面检查确认工程质量，工程质量合格后方可全部回填。

必须在管道两侧同时进行回填,严禁一侧回填,以免给管线造成不必要的侧向挤拉。

(三)设备安装

1. 安装前的准备

安装前工作人员应全面了解各种设备的安装及使用性能,熟练掌握施工安装技术要求和方法。

准备好安装用的各种工具和测定仪表,如紧绳器、打孔器、PVC 胶、双扩口、压力表、扳手、型号、数量和质量进行认真核对,严禁使用不合格产品。

2. 首部枢纽设备安装

电机与水泵必须安装在同一轴线,用螺栓平稳紧固在混凝土基座上或专用机架上。同时,按照电机安装说明接通地线,确保运行安全。电机与水泵安装应按产品说明书进行,并按《机电设备安装工程施工及验收规范》中的有关规定执行。

过滤器也按产品说明书所提供的安装图进行安装,并注意按输水流向标记安装,不得反向。

施肥设备应安装在网式过滤器的前面,其进出水管与灌溉管道连接应牢固,如使用软管,应严禁扭曲打折。

测量仪表和保护设备安装应按设计要求和流向标记进行。压力表应安装在表弯上,如用直管连接,要在连接管与仪表之间装控制阀。

3. 干管安装

对各类管道的规格和尺寸进行复查,并同时检查管内是否清洁,对有泥土的管道应用清水进行冲洗。

在首部设备的位置放线后,标定干管(或主管)出水口的位置、设计标高。按照首部系统的组装结构,逐级进行设备安装。微灌系统是有压输水,各种设备必须安装严紧,法兰螺丝应平衡紧固。

主干管通常用聚氯乙烯(PVC)管,之间用承插黏接,一般应能承受 0.5 ~ 0.6 MPa 的压力。钢管与 PVC 管间采用法兰连接。当 PVC 管之间用承插黏接法连接时,PVC 管口断面要与管道轴线垂直,各段管道的轴线应对直重合。承插深度应为管外径的 1 ~ 1.5 倍,黏合剂应与管材匹配。连接时要对被黏接的管端、管件进行配合检查,并清除灰尘与污迹,在插头外侧与承插口内侧均匀涂抹黏合剂,应适时承插,并转动管端使黏合剂填满空隙,黏接后 24 h 内不得移动管道。中口径、大口径管子插入承口后,在管的另一端垫上厚木板,用木锤打击,是插接更为牢固。

塑料管也可以采用套接方式。安装前检查套管与密封胶圈规格是否匹配,插头外缘应加工成斜口,并涂润滑剂,然后对正密封圈,另一端用木锤轻轻将其打入套管内,至规定深度。密封圈装入套管槽内不得扭曲和卷边。

4. 支管、辅管安装

厚壁支管与辅管铺设时不宜过紧,应铺设 1 ~ 2 d 后使其呈自由弯曲状态,并在早上 8 时前后测量打孔尺寸及位置,用按扣三通是,在辅管上打孔应垂直于地面。支管如果采用 PVC 管,可按照干管安装的方法安装支管,如果采用 PE 管,可用 PE 管件连接,注意以下几点:

(1)检查管件尺寸是否合格,管端是否平、齐,管壁薄层是否均匀。

(2)先将 PE 管以圆盘形沿管槽慢慢滚动把管子放在沟内,禁止扭折或随地拖拉,以防磨损管道。

(3)安装时先将锁紧帽、锁紧环、垫圈和弹性密封环依次套到 PE 管件上,把已修理平齐的 PE 管头插入连接件内,把密封圈推入连接件斜口内,最后将锁紧帽拧紧,使 PE 管紧密连接。

5. 毛管的铺设安装

铺设前先要按设计要求对设备的型号、规格、数量和质量进行核对。

大面积铺设毛管时,可将播种机进行改装,使其在播种的同时完成滴灌管(带)的铺设,改装后要求导向轮转动灵活,确保毛管在铺设中不被刮伤或磨损。

在支管上用打孔器打孔,打孔器不能倾斜,所以孔必须打在支管的同一侧,然后将旁通压入支管。

按略大于植物种植行(或设计)的长度裁剪滴灌管(带),滴灌管(带)沿植物种植行布置,一端与旁道相连接。

滴灌管(带)安装完毕,打开阀门用水冲洗管道,然后关上阀门。将滴灌管堵头安装在滴灌管的末端(滴灌带末端打结封口),将支管堵头安在支管末端。

迷宫式滴灌带铺设时应将流道凸起面向上。

安装管上式滴头时,用直径小于孔口滴头插杆外径的打孔器在毛管上设计距离打孔,随机装上滴头。

毛管连接应紧固、密封,两支管间的毛管应从中间断开。

### (四)管道冲洗与试运行

1. 管道冲洗

管道冲洗应由上至下逐级进行,支管和毛管应按轮灌组冲洗。冲洗过程中应随时检查管道情况,并做好冲洗记录。

应先打开枢纽总控制阀和待冲洗的阀门,并关闭其他阀门,启动水泵对干管进行冲洗,知道干管末端出水清洁。然后关闭干管末端阀门,进行支管冲洗,直到支管末端出水清洁。然后关闭支管末端阀门冲洗毛管,直到毛管末端出水清洁。

2. 系统试运行

系统试运行应按设计要求,分轮灌组进行。

初检合格后,关闭导管所有开口部分的阀门,利用控制阀门逐段试压。试验压力可取管道设计压力,即水泵正常运行时的最大扬程,保压时间为1 h。试压后将管道、接头、管件等渗水、漏水处进行处理,如漏水严重需要重新安装,待装好后再试压,要连续运行4 h。全系统运行正常,指标达到设计规定值后,才能进行管道回填。

管道允许最大渗漏水量应按下式计算:

$$q_s = k_s \sqrt{d}$$

式中:$q_s$——100 m 长管允许最大渗漏量,L/min;

$k_s$——渗漏系数,硬聚氯乙烯管、聚丙烯管取0.08,聚乙烯管取0.12;

$d$——管道内径,mm。

## 二、设施农业微灌工程系统的施工安装

### (一)大棚(日光温室)滴灌工程系统的安装与施工

1. 水源

在大棚(日光温室)内滴灌的水源最好选用井水,一般根据温室的分布情况和当地灌溉习惯,可选择以下几种供水方式:

(1)采用压力罐式供水。在面积较大、蔬菜大棚集中、水源单一的情况下,一般采用集中供水压力罐加压(压力罐安装在泵与管网之间),在棚内不再设加压设备。在水源处设置离心式过滤器和筛网过滤器组成的过滤设施。在棚内视施肥装置的位置确定安装一级网式过滤器。如果大棚集中连片管理,可只在水源处安装施肥和过滤装置,经首部过滤后送往大棚,棚内不再考虑二级过滤器和施肥罐等。应用压力罐町,可以24 h随机供水,只要压力罐水压的上限和下限设定,自动控制水泵运行,在正常情况下,水泵无需用人控制。避免了水泵直接供水时,由于灌溉

用水量小而引起的管网内压力上升过高，导致管道和设备超压破损。

(2)采用水塔(高位水箱)供水。对于面积较小、大棚集中、水源单一的地块，可选择用水塔(高位水箱)作为供水加压和调蓄设施。棚内不再另设加压设备。使用井水时，可在棚内安装小型过滤器和施肥装置(大棚成套设备已设计在内)，蔬菜需用水时，开启棚内闸阀，根据需水多少确定供水时间。水塔供水不需用机、用电，使用管理十分方便。水塔高度和容积大小可根据输水管网长短和大棚面积确定。

(3)采用贮水窖或蓄水池配微型水泵(自吸泵)供水。对于大棚建设分散、管理各异的区域，可在大棚附近挖一个贮水窖或蓄水池，用于贮存灌溉用水。窖与池的容积根据控制面积、日耗水量和复充系数决定。净灌溉面积为 1 亩、日耗水量为 4 mm，每日充水 1 次的情况下，窖或池的容积为 2.7 $m^3$。水窖或水池一定要做好防渗。

**2. 管道的施工安装**

较大的大棚(温室)群需三级管道，由主管、干管和支管组成。主管设在大棚(温室)群的一端，每排或每两排大棚(温室)设一干管，每栋大棚(温室)设一支管。主、干、支各级管道均采用塑料管材。支管管径选用 40 ~ 50 mm，干管、支管管径根据大棚(温室)多少而定。棚外各级管理入冻土层以下。

(1)干管道的连接。干管道可采用聚氯乙烯(PVC)管或厚壁聚乙烯(PE)管，PVC 管采用承插法连接，PE 管可采用管件连接(如前述)，也可采用一些切实可行的简易方法连接，如在管路连接处，用热油浸泡或用喷灯烘烤，待进行连接的 PE 管端变软后，可迅速将同等规格的 PE 管插入，待冷却后再用铁丝绑紧，由带有外螺纹的长丝与其他带有内螺纹的关键进行连接，此种方法经济实用。

(2)支管的连接。支管位于棚内地面上(棚顶或棚根部)，用来连接下一级管道——毛管(滴灌带)。目前，大多采用黑色聚乙烯管，其抗老化性能优于白管，另外白管长期暴露在光线下，内部易于生长青苔，使用时易于堵塞滴头。支管与支管间的连接可选用相应配套的 PE 锁紧式连接件，这类连接件有外牙直通、内牙直通、直接头、弯头、阀门、三通等。以直接头为例，使用时，拧下两端锁紧螺母并套在 PE 管上，然后依次将锁紧环、垫片、密封胶圈依次套在管端外壁上，把待连接的两支管分别伸入直接头两端的插口底部(要求 PE 管端口平齐)，再把密封胶圈退回，平整地塞在 PE 管与直接头插口的缝隙中，旋紧锁母即可。支管最好不与铁件连接,以免铁件锈蚀后堵塞滴头。如缺少塑料接头,应采用镀锌件,连接方式如前述。支管与铁件连接时,不宜用热油浸泡,否则连接时会出现破碎现象。大棚内的支管进口端连接过滤器,安装时最好采用与过滤器型号相配的内牙直通连接,支管末端用塑料堵头堵紧。

(3)打孔。在棚内将支管沿着与植物种植垂直的方向铺设,用打孔器在支管上按设计要求(或植物所在的位置上)打孔,所打的孔必须排列在一条直线上。下面介绍一种打孔的简易方法,用管状打孔器(市售化学试验用的),通过喷灯将打孔器的刃部加热,然后迅速在PE管上打孔,用此种方法打孔不产生偏离、管道内无碎屑、施工方便。因支管出厂事盘卷在一起,打孔时。必须拉直、扭正,防止支管四周都有孔口。

(4)将旁通细径管(即较短端)插入支管前,必须先将小胶圈套在细径管上,然后手握鞍座处,用钳子拉紧旁通带,使鞍座紧紧扣在管壁上。

(5)毛管(滴灌带)的连接。毛管一般采用塑料管(滴孔间距为30 mm或根据作物种植间距设定),其长度据畦长而定。把塑料管箍套在旁通粗径管上(细口朝里),待毛管插在旁通上后,用手将管箍回撸,压紧毛管以止水。将堵头插入毛管末端,用管箍箍紧。

温室大棚内蔬菜种植一般为南北向,以利采光,种植畦田较短,因而滴灌毛管的布置长度一般为大棚的跨度即6~8 m,而棚内输水管道方向为东西向,长度为大棚的长度。蔬菜种植一般为每一双垄铺一地膜,地膜下铺设一条毛管,对需水量较大的蔬菜也可布置两条毛管,双垄的中心距一般在1 m左右,因而典型的滴灌毛管布置间距为1 m。

3. 系统首部的安装

(1)对于大棚(或日光温室)大多采用地下水进行灌溉,如果棚内有井则首部系统比较简单,选择一台压力或扬程与系统相匹配的潜水泵(或自吸泵),地上部分接上过滤器和阀门后再与支管连通即可。

(2)管路入棚处(田间首部)过滤、施肥及量水设施。采用集中供水方式,每一大棚都有田间首部,包括过滤器、施肥器、阀门等。对于面积小于1亩的大棚,可采用1 in(2.45 cm)网式过滤器,根据水质情况确定过滤网的目数(通常采用120~150目过滤器),过滤器进水口(过滤器上标有水流方向)外丝直接拧在施肥阀内丝上(施肥阀上有两个小铜扳手,控制施肥;施肥阀靠两根纤维管与施肥罐相连),施肥阀另端内丝直接与水表外丝连在一起,而水表另一端外丝则通过管箍与入棚铁弯头(套外丝)相接。

4. 试水

施工完毕后,进行试水,记录有关数据,观测滴头滴水情况。上面所讲的为出水口在棚两端时的情况。虽然棚内田间首部设施、支管、滴灌带的施工安装与出水口的入棚位置有关,但施工方法大同小异,这里不再赘述。

## 三、微灌系统运行管理

### (一)水源管理

微灌工程用水的水质除应符合 GB 5084—92《农田灌溉水质标准》的规定外,还应满足:①进入微灌网的水应经过过滤净化处理,不含有泥沙、杂草、鱼卵、藻类等物质;②pH 值一般应在 5.5 ~ 8.0 范围内;③总含盐量不应大于 2 000 mg/kg;④含铁量不应大于 0.4 mg/kg;⑤总硫化物含量不应大于 0.2 mg/kg。

水源工程必须保证按灌水计划的要求按时按量供水。

泵站进水池水位必须保持在最低水位以上。进水池中的杂草和拦污栅上的污物应及时清除。

微灌系统运行前,应对水泵、管路和调蓄水池等进行全面检查,修复已损坏的管道。

### (二)水泵管理

(1)水泵在启动前应进行一次详细的检查,主要检查以下几点:①检查水泵与电机的联轴器或皮带轮是否同心或对正;②检查润滑油位是否合适,油质是否洁净;③检查各部分的螺丝有无松动现象;④需要灌水的水泵,启动前要灌清水,不可在无水状态下启动;⑤离心泵启动前应关闭出水管路是哪个的闸阀,以降低启动电流。

(2)水泵在运行中的检查和维护主要做到以下几点:①检查各种测量仪表的读数是否在规定值的范围内,水表读数是否与水泵流量一致;②检查水泵和管道各部分有无漏水和进气的情况,应保证吸水管不漏水。

### (三)管网的运行管理

系统在第一次运行前,需进行调试。可通过调整球阀的开启度来进行调压,使系统各支管进口压力大致相同。薄壁毛管压力可维持在 0.5 ~ 0.8 kPa 范围内运行,最大不超过 1 kPa。调试完后,在球阀开启的相应位置上做好标记,以保证在以后的运行中,其开启度能维持在该水平。

系统在每次工作前要先进行冲洗,在运行工程中,要检查系统水质情况,视水质情况对系统随时进行冲洗。

定期对管网进行巡视,检查管网有无泄漏情况、各区毛管滴水是否均匀,如有漏水和滴水不均匀现象,要立即处理。

系统运行时,必须严格控制压力表读数,应将系统控制在设计压力范围内,以保证系统能安全、有效地运行。

进行分区轮灌时,每次开启一个轮灌组,当一个轮灌组结束后,应先开启下一个轮灌组再关闭上一个轮灌组,严禁先关后开。

每年灌溉季节应对地埋管进行检查,灌溉季节结束后,应对损坏处进行维修,冲净泥沙,排干存水,管网运行中常见故障如下:

(1)压力不平衡

表现为第一条支管与最后一条支管压差 >0.04 MPa;毛管首端与末端压差 >0.02 MPa;首部枢纽进口与出口压力差大,系统压力降低,全部滴头流量减少。

产生原因:出地管闸阀的开启位置欠妥;支(毛)管或连接部位漏水;过滤器堵塞,机泵功率不够;系统管网级数设计欠妥。

排除方法:通过调整出地管闸阀开关位置至平衡,检查管网并处理反冲洗过滤器,清洗过滤网,排污及检修机泵或电源电压,增加面积是考虑调整设计,每次滴水前调整各条支管的压力。

(2)滴头流量不均匀,个别滴头流量减小

产生原因:系统压力过小;水质不符合要求,泥沙过大,毛管堵塞;毛管过长,滴头赌塞,管道漏水。

排除方法:调整系统压力,滴水前或结束前冲洗管网,排除堵塞杂质,分段检查,更新管道。

(3)毛管漏水

产生原因:毛管有砂眼式,磨损变形。

排除方法:依具体情况更换部分毛管,播种机铺设毛管导向轮应 90°角,且导向轮环转动灵活,各部分与毛管接触处应顺畅无阻。

(4)毛管边缝滋水或毛管爆裂

产生原因:压力过大,超压运行;毛管制造时部分边缝黏不牢。

排除方法:调整压力,使毛管首端小于 0.1 MPa 或者更换毛管。

(5)系统地面有积水

产生原因:毛管或支管件部分漏水;毛管流量选择与土质不匹配。

排除方法:检查管网,更换受损部件;测定土壤入渗强度,分析原因,缩短灌水延续时间。

**(四)首部枢纽的运行管理**

水泵应严格按照其操作手册的规定进行操作与维护。

每次工作前要对过滤器进行清洗。

在运行工程中若过滤器进出口压力差超过正常压力差的25%~30%,要对过滤器进行反冲洗和清洗。

必须严格按过滤器的设计流量与压力进行操作,不得超压、超流量运行。

施肥罐中注入的固体颗粒不得超过施肥罐容积的2/3。

定期对施肥罐进行清洗。

系统运行工程中,应认真做好记录。

**(五)沉淀池(渠水灌溉)的运行管理**

开启水泵前认真检查沉淀池进出口过滤网是否干净,有无杂物或泥沙堵塞网眼的现象以及过滤网是否有破损现象,如有需要及时更换。

检查过滤网边框与沉淀池边壁是否结合紧密,如有缝隙较大现象应采取措施堵住。

检查无纺布是否铺放平展,并用石头压稳,以及无纺布是否干净,如杂物太多,需用清水进行冲洗或更换。

水泵泵头需用50~80目网笼罩住,网笼直径不小于泵头直径的2倍。

系统运行前先清除沉淀池中的脏物,当水质较混浊时,应关闭进水口,停止进水,待水清后再放水进入沉淀池,积累在过滤网前的浮物、杂物应及时捞除,以免影响过滤网的过水能力。对于较密集的过滤网,如30~80目网,被泥粒糊住并导致过滤网两侧水位差达到10~15 cm时,应换洗过滤网。

换洗方法:将脏网提起,将干净的网沿槽放下,脏网需用刷子和清水刷洗干净,停泵后应用清水冲洗无纺布及各级滤网,藻类较多时,需另换一块无纺布,将取下的无纺布晾干后,拍打干净,以备下次换洗用。

无纺布冲洗办法:可用较强压力水流冲洗附在无纺布上的藻类和泥土。

**(六)水泵的运行管理**

1. **离心泵**

(1)启动前的准备工作

试验电机转向是否正确。从电机顶部看,泵应顺时针旋转,试验时间要短,以免使机械密封圈干磨损。

打开排气阀使液体充满整个泵体,待充满后关闭排气阀。

检查各部位是否正确。

用手转动水泵,以使润滑液进入机械密封端面。

(2)水泵操作程序及要求

合上电控柜内空气开关(该开关设有短路过流保护)。

通过面板切换开关和电压表检查三相电压是否平衡,且均为 380 V(如不平衡可检查 3 只熔断丝是否熔断),否则严禁操作启动设备。

检查泵体是否充满水(排气检查),严禁无水运行。

若电流检查及水泵充水正常可将“手动、自动”切换开关切于“自动”。

按“启动”按钮注意观察电控柜上的电流表的变化和水泵的工作状态。

当水泵“启动”运转 10 ~ 12 s 渐进平稳时,由时间继电器 SJ 自动将“启动”转为“运行”工况,此时若无用水量,压力表应指示为 0.5 MPa,“手动”运行时也应遵循这一原则。

如果一次“启动”失败,则需间隔 7 min 左右,方可进行第二次“启动”操作,否则易造成变压器损坏。

要经常检查电机温升情况和异常噪声,如发现异常可按“停止”或“急停”按钮,禁止电机运转时应拉闸。

在电压过低运行时,电机会过流运行($Ig \leqslant 0.5\%$),电机发热,待冷却一段时间后,再投入运行。

检查轴封漏水情况,正常时机械密封泄漏应小于 3 滴/min。

检查电机轴承处温度,应不大于 70℃。

非经专业人员及设备管理人员指导和许可。严禁他人擅自改变设备参数及操作设备运行状态。

设备管理人员应逐步熟知设备工作原理及熟练各项操作。

(3)水泵维护要求

进水口管道必须充满液体,禁止泵在气蚀状态下长期运行。

定期检查电机电流值,电流值不得超过电机额定电流。

泵经过长期运行之后,由于机械磨损,使机组的噪声及震动增大时,应停机检查,必要时可更换易损零件及轴承,机组大修期一般为一年。

应保持电机及电控柜内外的清洁和干燥。

定期给电机加黄油(一般为 4 个月左右,且应为钙基或钙钠基黄油)。

经常启动设备会造成接触"动、静"触头烧损,应不定期检查并用砂纸打磨,接触面严重烧损的触头应该及时更换(三周至两个月)。

机械密封润滑应无固体颗粒。

严禁机械密封在干磨情况下工作。

启动前应盘动(电机)几圈,以免突然启动造成石墨环断裂损坏。

停机维修时,检查设备接线是否松动或掉线,并加以紧固。

所有以上操作及维护工作都必须严格执行国家有关电气设备工作安全的组织措施和技术措施的规定,确保自身和他人及电气设备不受损害。

#### 2. 潜水泵启动、运转和停车

潜水泵下水后,用 500 V 摇表测电机对地电阻不低于 5 Ω。

查三相电源电压是否符合规定,各种仪表、保护设备及接线正确无误后方可开闸启动。电机启动后慢慢打开闸门进行调整,到额定流量后,观察电流、电压应在设备规定的范围内。听其运动声音有无异常,设备是否发生震动,若存在不正常现象应立即停机找出原因,处理后方可继续开车。

电泵第一次投入运转 4 h 后,停机速测热态绝缘电阻。

电泵停机后,第二次启动要隔 5 min,防止电机升温过高和管内发生水锤。

### (七)过滤器的运行管理

#### 1. 过滤器的性能及使用须知

(1)砂石过滤器(内装离心式过滤器)的工作原理及使用须知

砂石过滤器是利用过滤器内的砂石介质间隙进行过滤的,其砂石层厚度和颗粒级配是经过严格计算的,使用中不能对砂石粒度和厚度进行任意更改。在使用此种过滤器时有以下几点应注意:

必须严格按过滤器的设计流量操作(此类过滤器最大流量为 210 $m^3/h$),因为过多的超出使用范围,砂床的孔隙将会被压力击穿,形成空洞效应,丧失其过滤效果。在过滤混浊的水时,污物和泥砂会堵塞砂石的空隙,着等于降低了砂石介质的孔隙度,减缓了水的通过速度,使上游压力增大,所以这时应密切注意压力表的指示情况,当下游压力下降,上游压力上升时,就应进行反冲洗,其反冲洗理论界限为超过原压力差0.02 MPa。反冲洗操作方法。在相同工作时,先将一组过滤器中的一个过滤器的进水蝶阀关闭,同时打开该过滤器的排污口阀门,使用另一个过滤器过滤后的水由过滤器下体向上流入介质层(与进水方向相反),进行反冲洗。泥沙、污物可顺排污口排出,直到排出水是净水无混浊物为止(每次可对一组两罐进行反冲洗)。反冲洗的时间和次数依当地水源情况自定。反冲洗完毕后,稍后对另一个过滤器进行反冲洗。

对于悬浮在介质表面的污染层,可待灌水完毕后清除。过污的介质,应用干净的介质代替,视水质情况应对介质每年进行1~4次彻底清洗。对于存在的有机物和藻类,可能将砂粒堵塞,这时应按一定的比例加入氯或酸,把过滤器浸泡24 h,然后反冲洗知道放出清水。

过滤器使用到一定时间(砂粒损失过大,粒度减小或过碎)应更换过滤介质。

(2)网式过滤器的工作原理及使用须知

网式过滤器在结构上比较简单,当水中悬浮颗粒的尺寸大于过滤网的孔径尺寸时,就会被截流,但当网上积聚了一定量的污物后,过滤器进出口之间会发生压力差,当进出口压力差超过原压差0.02 MPa时,就应对网芯进行清洗。

清洗方法如下:

将网芯抽出清洗,同时用清水冲洗两端的保护密封圈,也可用软毛刷刷洗,但不能用硬物刷洗。当网芯内外清洗干净后,再将过滤网金属壳内的污物用清水冲净,由排污口排出。按要求重新装配好过滤器。由于过滤器的网芯很薄,所以在清洗时不要用力过大,以免弄破。一旦网芯破损,不可继续使用,必须立即更换。

(3)离心式过滤器的工作原理及使用须知

工作原理:由水泵供水经水管切向进入离心体内,旋转产生离心力,推动旋流,促使泥沙进入集沙罐,清水则顺流进入出水口。由此完成第一级的水砂分离,清水经出口、弯管、阀门进入网式过滤器,再进行后面的过滤。

使用要求如下:

离心式过滤器通常用做较差水质情况下的前端过滤,因此会产生较多的沉淀泥沙,它下面的集沙罐设有排沙口,使用时要不断进行排沙。排沙时首先关闭出水阀,打开排污阀,启动水泵进行排水、排沙直到井内出清水为止。然后停止水泵,关闭排污阀,打开出水阀,启动水泵,滴灌系统可以工作。正常工作时要视水质情况,经常检查集沙罐,以避免罐中沙量太多使离心式过滤器不能正常工作。在进入冬季之前,为防止整个系统冻裂,要打开各级设备所有阀门,把存水排放干净。

2. 过滤器运行前的准备

开启水泵前认真检查过滤器各部位是否正常,各个阀门此时都应处于关闭状态,确认无误再启动水泵。

在系统运行前,打开网式过滤器,检查网芯内有无沙粒和破损,确认其网面无破损后装入壳内,不得与任何坚硬物质碰撞。

水泵开启应使其运转 3 ~ 5 min,使系统中空气由排气阀排出,待完全排空后,打开压力表旋塞,检查系统压力是否在额定的排气压力范围内,当压力表针不再上下摆动、设备无噪声时,可视为正常,过滤器可进入工作状态。

3. 过滤器运行操作程序

打开通向各个沙石过滤器之间的可在阀门,使阀门开启到一定位置,不要完全打开,以保证沙床稳定,提高过滤器的使用精度。

缓慢开启沙石过滤器后边的控制阀门,与前一阀门处于同一开启程度,让水流平稳通过,使沙床稳定压实,检查过滤器两压力表之间的压力差是否正常。确认无误后,将第一道阀门缓缓打开,开启第二道阀门将流量控制在设计流量的60% ~80%,一切正常后方可按设计流量运行。

过滤器工作完毕后,应缓慢关闭沙石过滤器后边的控制阀门,再关水泵以保持沙床的稳定,也可在灌溉完毕后进行反复的反冲洗,每组中的两罐交替进行直到过滤器冲洗干净,以备下次再用。如果过滤介质需要更换或部分更换也应在此时进行。沙石过滤器冲洗干净后,在没有上冻的情况下应充满干净水。

4. 注意事项

过滤器要按设计水处理能力运行,以保证过滤器的使用性能。

过滤器安装前,应按过滤站的外形尺寸做好基础处理,保证地面平整、坚实,作混凝土基础并留有排沙及冲洗水流道。

应有熟知操作规程的人负责过滤器的操作,以保证过滤器设备的正常运行。

在露天安装的过滤器,在冬季不工作时必须排掉过滤器内的所有积水,以防止冻裂,压力表等仪表装置应卸掉妥善保管。

沙石过滤器安装好后,有条件的应先将过滤介质冲洗干净后再装入过滤器内,其冲洗标准以在容器内冲洗后无混浊水为准。无此条件者先将介质装入过滤器,但使用前应关闭出水阀门,对介质进行反冲洗,每组两罐交替进行,每次反冲洗以无混浊水排出为准。

在正常使用过程中,如网式过滤器两端压力差超过 0.03 MPa,应抽出网式过滤器的网芯清洗污物。重新装好网芯封盖。安装封盖时不可压得过紧,由此可延长橡胶使用寿命。

过滤器在运行中出现意外事故时,应立即关泵检查,对异常声响应检查原因,使其正常后再进行工作。

### (八)施肥装置的使用管理

#### 1. 施肥装置的结构与原理

(1)压差式施肥装置

本装置是有专用施肥阀、施肥罐和连接管组成,是根据压力差的原理进行施肥的。首先将稀释过的无机肥装入罐内,调节施肥专用阀,使之形成一定的压力差,打开施肥专用阀旁的两个小阀门,将罐内的肥料压入灌溉系统中进行施肥。

注意事项如下:①使用时应缓慢启闭施肥阀旁的小阀门。②每次施完肥后应将两个小阀门关闭,并将罐体冲洗干净,不得将肥料留在罐内,以免造成腐蚀,影响使用寿命。③在施肥装置后应加网式过滤设备,以免将未完全溶解的肥料带入系统中,造成灌溉设施的堵塞。④施肥装置与水源之间一定要安装逆止阀,防止农药污染水源;施肥完毕应继续灌溉 10 ~ 20 min,用清水冲净管道内的肥料(药)。

(2)文丘里施肥器

是由阀门、文丘里、三通、弯头连接而成的,体积小,结构简单。施肥时,适当关小球阀让水从施肥器中流过,施肥器开始施肥。

(3)注射泵

微灌系统常使用活塞泵或隔膜泵向管道中注入肥料或农药。根据驱动水泵的动力来源又可分为驱动和机械驱动两种形式。①活塞施肥泵:泵进口通过软管插入肥料桶中,泵出口与管道相连。②水动施肥泵:又名注肥器,直接安装在供水管管道上,不用电驱动,以水压作动力,通过软管与肥料桶连接,施肥时按设定的比例自动吸入肥料。

#### 2. 施肥装置的操作程序

打开施肥罐,将所需滴施的肥(药)倒入施肥罐中。

打开进水阀门,进水至罐容量的 1/2 后停止进水,并将施肥罐盖拧紧。

滴施肥(药)时,先开施肥罐出水阀门,再打开其进水阀门,稍后缓慢关闭量阀门之间(干管上)的闸阀。使其前后压力表差比原压力增加约0.05 MPa,通过增加的压力差将罐中的肥料带入系统管网之中。

滴肥(药)20~40 min即可完毕。具体情况根据经验以及罐体容积大小和肥(药)量的多少判定。

滴施完一个轮灌组后,将两侧阀门关闭,先关进水阀,后关出水阀。将罐底球阀打开,把水放尽,再进行下一组轮灌。

**3. 操作过程中的注意事项**

罐体内肥料必须充分溶解后,才能进行滴施,否则影响滴施效果,引起罐体堵塞。

滴施肥(药)应在每个轮灌小区滴水1/3时间后才可滴施,并且在滴水结束前半小时必须停止施肥(药)。

滴施肥(药)结束,更换下一个轮换组前,应有半个小时的管网冲洗时间,即进行半小时滴纯水冲洗,以免肥料在管内沉积。

## ☆思考题☆

1. 微灌工程施工前应做哪些准备?
2. 首部枢纽、干支管及毛管安装时应注意哪些问题?
3. 微灌工程管道冲洗应注意哪些问题?
4. 管网系统常见故障与排除方法有哪些?
5. 查询资料,阐述潜水泵、过滤器等常见设备的常见故障及排除方法。

# 教学反馈

微灌是按照作物需求，通过管道系统与安装在末级管道上的灌水器，将水和作物生长所需的养分以较小的流量，均匀、准确地直接输送到作物根部附近土壤的一种灌水方法。与传统的全面积湿润的地面灌和喷灌相比，微灌只以较小的流量湿润作物根区附近的部分土壤，因此，又称为局部灌溉技术。

微灌分为四种类型，即地表滴灌、地下滴灌、微喷灌和涌泉灌。地表滴灌，是通过末级管道上的灌水器，即滴头，将压力水以间断或连续的水流形式灌到作物根区附近土壤表面的灌水形式。地下滴灌，将水直接施到地表下的作物根区，其流量与地表滴灌相接近，可有效减少地表蒸发，是目前最为节水的一种灌水形式。微喷灌，是利用直接安装在毛管上，或与毛管连接的灌水器，即微喷头，将压力水以喷洒状的形式喷洒在作物根区附近的土壤表面的一种灌水形式，简称微喷。微喷灌还具有提高空气湿度，调节田间小气候的作用。但在某些情况下，例如：草坪微喷灌，属于全面积灌溉，严格来讲，它不完全属于局部灌溉的范畴，而是一种小流量灌溉技术。涌泉灌，管道中的压力水通过灌水器，即涌水器，以小股水流或泉水的形式施到土壤表面的一种灌水形式。

微灌工程的规划设计主要内容包括作物需水量计算、灌溉制度确定、工作制度确定、流量计算、管道水力计算、支毛管设计和干管及首部枢纽设计等。

# 附录

## 本书常用表单

### 任务单

<table>
<tr><td>学习领域</td><td colspan="4">节水灌溉</td></tr>
<tr><td>学习情境</td><td colspan="2"></td><td>学　　时</td><td></td></tr>
<tr><td>任　　务</td><td colspan="2"></td><td>学　　时</td><td></td></tr>
<tr><td colspan="5">布置任务</td></tr>
<tr><td>学习目标</td><td colspan="4"></td></tr>
<tr><td>任务描述</td><td colspan="4"></td></tr>
<tr><td rowspan="2">学时安排</td><td>资讯</td><td>计划与决策</td><td>实施</td><td>检查与评价</td></tr>
<tr><td></td><td></td><td></td><td></td></tr>
<tr><td>提供资料</td><td colspan="4"></td></tr>
<tr><td>对学生的要求</td><td colspan="4"></td></tr>
</table>

# 资讯单

<table>
<tr><td>学习领域</td><td colspan="3">节水灌溉</td></tr>
<tr><td>学习情境</td><td></td><td>学　　时</td><td></td></tr>
<tr><td>任　　务</td><td></td><td>学　　时</td><td></td></tr>
<tr><td>资讯方式</td><td colspan="3">学生分组查询资料,找出问题的答案</td></tr>
<tr><td>提供资料</td><td colspan="3"></td></tr>
<tr><td>对学生的要求</td><td colspan="3"></td></tr>
</table>

# 信息单

<table>
<tr><td>学习领域</td><td colspan="3">节水灌溉</td></tr>
<tr><td>学习情境</td><td></td><td>学　　时</td><td></td></tr>
<tr><td>任　　务</td><td></td><td>学　　时</td><td></td></tr>
<tr><td>序　　号</td><td colspan="3">信息内容</td></tr>
<tr><td>1.1</td><td colspan="3"></td></tr>
<tr><td colspan="4"></td></tr>
</table>

## 作业单

<table>
<tr><td>学习领域</td><td colspan="6">节水灌溉</td></tr>
<tr><td>学习情境</td><td colspan="3"></td><td>学　　时</td><td colspan="2"></td></tr>
<tr><td>任　　务</td><td colspan="6"></td></tr>
<tr><td>作业方式</td><td colspan="6">团队协作，利用课余时间独立完成</td></tr>
<tr><td>1</td><td colspan="6"></td></tr>
<tr><td>2</td><td colspan="6"></td></tr>
<tr><td>3</td><td colspan="6"></td></tr>
<tr><td>4</td><td colspan="6"></td></tr>
<tr><td>5</td><td colspan="6"></td></tr>
<tr><td colspan="7">作业解答：</td></tr>
<tr><td rowspan="4">作业评价</td><td>班　　级</td><td></td><td>第　　组</td><td>组长签字</td><td colspan="2"></td></tr>
<tr><td>学　　号</td><td></td><td>姓　　名</td><td colspan="3"></td></tr>
<tr><td>教师签字</td><td></td><td>教师评分</td><td></td><td>日　期</td><td></td></tr>
<tr><td colspan="6">评　语：</td></tr>
</table>

# 计划单

<table>
<tr><td>学习领域</td><td colspan="5">节水灌溉</td></tr>
<tr><td>学习情境</td><td colspan="2"></td><td>学　　时</td><td colspan="2"></td></tr>
<tr><td>计划方式</td><td colspan="5">分组讨论,制订各组的实施操作计划</td></tr>
<tr><td>序号</td><td colspan="3">实施步骤</td><td colspan="2">使用资源</td></tr>
<tr><td>1</td><td colspan="3"></td><td colspan="2"></td></tr>
<tr><td>2</td><td colspan="3"></td><td colspan="2"></td></tr>
<tr><td>3</td><td colspan="3"></td><td colspan="2"></td></tr>
<tr><td>4</td><td colspan="3"></td><td colspan="2"></td></tr>
<tr><td>5</td><td colspan="3"></td><td colspan="2"></td></tr>
<tr><td>6</td><td colspan="3"></td><td colspan="2"></td></tr>
<tr><td>制定划<br>说明</td><td colspan="5"></td></tr>
<tr><td rowspan="3">计划评价</td><td>班　　级</td><td></td><td>第　组</td><td>组长签字</td><td></td></tr>
<tr><td>教师签字</td><td colspan="2"></td><td>日　　期</td><td></td></tr>
<tr><td colspan="5">评语：</td></tr>
</table>

# 决 策 单

<table>
<tr><td>学习领域</td><td colspan="7">节水灌溉</td></tr>
<tr><td>学习情境</td><td colspan="3"></td><td>学 时</td><td colspan="3">学 时</td></tr>
<tr><td colspan="8">方案讨论</td></tr>
<tr><td rowspan="8">方案对比</td><td>组号</td><td>工作流程的正确性</td><td>知识运用的科学性</td><td>内容的完整性</td><td>方案的可行性</td><td>人员安排的合理性</td><td>综合评价</td></tr>
<tr><td>1</td><td></td><td></td><td></td><td></td><td></td><td></td></tr>
<tr><td>2</td><td></td><td></td><td></td><td></td><td></td><td></td></tr>
<tr><td>3</td><td></td><td></td><td></td><td></td><td></td><td></td></tr>
<tr><td>4</td><td></td><td></td><td></td><td></td><td></td><td></td></tr>
<tr><td>5</td><td></td><td></td><td></td><td></td><td></td><td></td></tr>
<tr><td>6</td><td></td><td></td><td></td><td></td><td></td><td></td></tr>
<tr><td>7</td><td></td><td></td><td></td><td></td><td></td><td></td></tr>
<tr><td>方案评价</td><td colspan="7"></td></tr>
<tr><td>班级</td><td></td><td>组长签字</td><td></td><td>教师签字</td><td></td><td colspan="2">月 日</td></tr>
</table>

# 实施单

<table>
<tr><td>学习领域</td><td colspan="4">节水灌溉</td></tr>
<tr><td>学习情境</td><td colspan="2"></td><td>学时</td><td></td></tr>
<tr><td>实施方式</td><td colspan="4">分组实施,按实际的实施情况填写此单</td></tr>
<tr><td>序号</td><td colspan="2">实施步骤</td><td colspan="2">使用资源</td></tr>
<tr><td>1</td><td colspan="2"></td><td colspan="2"></td></tr>
<tr><td>2</td><td colspan="2"></td><td colspan="2"></td></tr>
<tr><td>3</td><td colspan="2"></td><td colspan="2"></td></tr>
<tr><td>4</td><td colspan="2"></td><td colspan="2"></td></tr>
<tr><td>5</td><td colspan="2"></td><td colspan="2"></td></tr>
<tr><td>6</td><td colspan="2"></td><td colspan="2"></td></tr>
<tr><td>7</td><td colspan="2"></td><td colspan="2"></td></tr>
<tr><td>8</td><td colspan="2"></td><td colspan="2"></td></tr>
<tr><td colspan="5">实施说明:</td></tr>
<tr><td>班　级</td><td></td><td>第　组</td><td>组长签字</td><td></td></tr>
<tr><td>教师签字</td><td colspan="2"></td><td>日　期</td><td></td></tr>
</table>

# 检查单

<table>
<tr><td>学习领域</td><td colspan="5">节水灌溉</td></tr>
<tr><td>学习情境</td><td colspan="3"></td><td>学时</td><td></td></tr>
<tr><td>序号</td><td>检查项目</td><td colspan="2">检查标准</td><td>学生自检</td><td>教师检查</td></tr>
<tr><td>1</td><td>目标认知</td><td colspan="2">工作目标明确,工作计划具体结合实际,具有可操作性</td><td></td><td></td></tr>
<tr><td>2</td><td>理论知识</td><td colspan="2">掌握节水灌溉工程设计、施工、运行及管理等</td><td></td><td></td></tr>
<tr><td>3</td><td>基本技能</td><td colspan="2">能够运用知识进行完整的方案设计,并顺利完成任务</td><td></td><td></td></tr>
<tr><td>4</td><td>学习能力</td><td colspan="2">能在教师的指导下自主学习,全面掌握相关知识和技能</td><td></td><td></td></tr>
<tr><td>5</td><td>工作态度</td><td colspan="2">在完成任务过程中的参与程度,积极主动地完成任务</td><td></td><td></td></tr>
<tr><td>6</td><td>团队合作</td><td colspan="2">积极与他人合作,共同完成工作任务</td><td></td><td></td></tr>
<tr><td>7</td><td>工具运用</td><td colspan="2">熟练利用资料单进行自学,利用网络进行文献查询</td><td></td><td></td></tr>
<tr><td>8</td><td>任务完成</td><td colspan="2">保质保量,圆满完成工作任务</td><td></td><td></td></tr>
<tr><td>9</td><td>演示情况</td><td colspan="2">能够按要求进行演示,效果好</td><td></td><td></td></tr>
<tr><td rowspan="3">检查评价</td><td>班 级</td><td></td><td>第 组</td><td>组长签字</td><td></td></tr>
<tr><td>教师签字</td><td colspan="2"></td><td>日 期</td><td></td></tr>
<tr><td colspan="5">评 语:</td></tr>
</table>

# 评价单

<table>
<tr><td>学习领域</td><td colspan="9">节水灌溉</td></tr>
<tr><td>学习情境</td><td colspan="4"></td><td>学时</td><td colspan="4"></td></tr>
<tr><td>评价类别</td><td>项目</td><td>子项目</td><td>自评</td><td>教师评价</td><td colspan="5">组内互评</td></tr>
<tr><td rowspan="10">专业能力<br>（80%）</td><td rowspan="2">资讯（10%）</td><td>搜集信息（5%）</td><td></td><td></td><td></td><td></td><td></td><td></td><td></td></tr>
<tr><td>引导问题回答（5%）</td><td></td><td></td><td></td><td></td><td></td><td></td><td></td></tr>
<tr><td>计划（5%）</td><td>计划可执行度（5%）</td><td></td><td></td><td></td><td></td><td></td><td></td><td></td></tr>
<tr><td>实施（5%）</td><td>工作步骤执行（5%）</td><td></td><td></td><td></td><td></td><td></td><td></td><td></td></tr>
<tr><td rowspan="2">检查（10%）</td><td>全面性、准确性（5%）</td><td></td><td></td><td></td><td></td><td></td><td></td><td></td></tr>
<tr><td>异常情况排除（5%）</td><td></td><td></td><td></td><td></td><td></td><td></td><td></td></tr>
<tr><td rowspan="2">过程（30%）</td><td>使用工具规范性（15%）</td><td></td><td></td><td></td><td></td><td></td><td></td><td></td></tr>
<tr><td>操作过程规范性（15%）</td><td></td><td></td><td></td><td></td><td></td><td></td><td></td></tr>
<tr><td>结果（10%）</td><td>结果质量（10%）</td><td></td><td></td><td></td><td></td><td></td><td></td><td></td></tr>
<tr><td>作业（10%）</td><td>完成质量（10%）</td><td></td><td></td><td></td><td></td><td></td><td></td><td></td></tr>
<tr><td rowspan="4">社会能力<br>（20%）</td><td rowspan="2">团队合作<br>（10%）</td><td>对小组的贡献（5%）</td><td></td><td></td><td></td><td></td><td></td><td></td><td></td></tr>
<tr><td>组内配合（5%）</td><td></td><td></td><td></td><td></td><td></td><td></td><td></td></tr>
<tr><td rowspan="2">敬业精神<br>（10%）</td><td>吃苦耐劳精神（5%）</td><td></td><td></td><td></td><td></td><td></td><td></td><td></td></tr>
<tr><td>学习纪律性（5%）</td><td></td><td></td><td></td><td></td><td></td><td></td><td></td></tr>
<tr><td>小组名单</td><td colspan="9"></td></tr>
<tr><td rowspan="3">评语</td><td>班 级</td><td></td><td>姓 名</td><td></td><td>第 组</td><td colspan="4">总 分</td></tr>
<tr><td>教师签字</td><td></td><td>组长签字</td><td colspan="2"></td><td colspan="4">日 期</td></tr>
<tr><td colspan="9">评语：</td></tr>
</table>

## 实施单

<table>
<tr><td>学习领域</td><td colspan="4">节水灌溉</td></tr>
<tr><td>学习情境</td><td></td><td colspan="2">学时</td><td></td></tr>
<tr><td>实施方式</td><td colspan="4">分组实施,按实际的实施情况填写此单</td></tr>
<tr><td>序号</td><td>调查内容</td><td>是</td><td>否</td><td>理由称述</td></tr>
<tr><td>1</td><td>你是否对节水灌溉在设计、施工、运行及管理方面课程标准所要求的内容掌握?</td><td></td><td></td><td></td></tr>
<tr><td>2</td><td>你是否掌握了常见节水灌溉设备故障原因及排除方法?</td><td></td><td></td><td></td></tr>
<tr><td>3</td><td>你能否用技术规范或技术手册对进行简单的节水灌溉工程设计?</td><td></td><td></td><td></td></tr>
<tr><td>4</td><td>本情境学习是否能够帮助你了解当地节水灌溉工程的应用及发展前景?</td><td></td><td></td><td></td></tr>
<tr><td>5</td><td>本学习情境的开设对设施农业技术专业学习是否有帮助?</td><td></td><td></td><td></td></tr>
<tr><td>6</td><td>你认为是否应当增加图表以方便情境学习及实践应用?</td><td></td><td></td><td></td></tr>
<tr><td>7</td><td>在情境学习中能否利用图书馆、网络数据追踪最新节水灌溉技术、设备发展?</td><td></td><td></td><td></td></tr>
<tr><td colspan="5">你的意见对改进教学非常重要,请写出你的意见和建议</td></tr>
</table>

| 被调查人签名 | | 调查时间 | |
|---|---|---|---|

# 参考文献


[1] 汪志农. 灌溉排水工程学[M]. 北京：中国农业出版社，2003.

[2] 于纪玉. 节水灌溉技术[M]. 郑州：黄河水利出版社，2006.

[3] 李宗尧. 节水灌溉技术[M]. 北京：中国水利出版社，2012.

[4] 郭元裕. 农田水力学.3 版. 北京：中国水利出版社，1997.

[5] 李安国，建功，曲强. 渠道防渗工程技术[M]. 北京：中国水利水电出版社，1998.

[6] 赵竞成，任晓力，等. 喷灌工程技术[M]. 北京：中国水利水电出版社，1999.

[7] 周群，宋广程，党平，等. 微灌工程技术[M]. 北京：中国水利水电出版社，1999.

[8] 秦耀东. 土壤物理学[M]. 北京：高等教育出版社，2003.

[9] 水利部农村水利司，中国灌溉排水发展中心. 节水灌溉工程实用手册[M]. 北京：中国水利水电出版社，2005.

[10] 郑耀泉，李兴永，党平，等. 喷灌与微灌设备[M]. 北京：中国水利水电出版社，1998.

[11] 魏永耀，林性粹. 农业供水工程[M]. 北京：水利电力出版社，1992.

[12] 杨天. 节水灌溉技术手册[M]. 北京：中国大地出版社，2002.